西部农村实用生产建设丛书

陈炳东 田茂琳 主编

低碳果蔬设施生产建造技术

乔 旭 著

中国建筑工业出版社

图书在版编目（CIP）数据

低碳果蔬设施生产建造技术 / 乔旭著. — 北京：中国建筑工业出版社，2012.3
（西部农村实用生产建设丛书）
ISBN 978-7-112-13629-2

Ⅰ.①低… Ⅱ.①乔… Ⅲ.①果树园艺②蔬菜园艺 Ⅳ.①S6

中国版本图书馆CIP数据核字（2011）第275347号

　　本书以低碳经济及低碳农业为切入点，针对农村生产的实际情况，详细地介绍了日光温室、塑料大棚、可控温室、蔬菜防虫网棚等低碳果蔬生产设施的应用现状、类型、特点、性能及建造等技术。并在此基础上进一步讲述果蔬采后的贮藏保鲜技术与控温贮藏、气调贮藏等贮藏设施的特点和建造。本书内容翔实、图文并茂、参考性强，可切实地帮助解决农民在果蔬生产中遇到的实际问题。

责任编辑：石枫华　兰丽婷
责任设计：叶延春
责任校对：陈晶晶　王雪竹

西部农村实用生产建设丛书
陈炳东　田茂琳　主编
低碳果蔬设施生产建造技术
乔　旭　著
*
中国建筑工业出版社出版、发行（北京西郊百万庄）
各地新华书店、建筑书店经销
北京京点设计公司制版
北京建筑工业印刷厂印刷
*
开本：880×1230毫米　1/32　印张：5⅜　字数：148千字
2012年5月第一版　2012年5月第一次印刷
定价：**18.00元**
ISBN 978-7-112-13629-2
（21914）

版权所有　翻印必究
如有印装质量问题，可寄本社退换
（邮政编码　100037）

序

西部大开发总的战略目标是：经过几代人的艰苦奋斗，到21世纪中叶全国基本实现现代化时，从根本上改变西部地区相对落后的面貌，建成一个经济繁荣、社会进步、生活安定、民族团结、山川秀美、人民富裕的新西部。西部大开发要以基础设施建设为基础，以生态环境保护为根本，以经济结构调整、开发特色产业为关键，以依靠科技进步、培养人才为保障。从现在起到2030年，是加速发展阶段，要积极调整产业结构，着力培育特色产业，实施经济产业化、市场化、生态化和专业区域布局的全面升级，实现经济增长的跃进；要依靠科技进步，调整和优化农业结构，增加农民收入；要发展科技和教育，提高劳动者素质，加快科技成果的转化和推广应用。在此大前提和大背景下，编写出版《西部农村实用生产建设丛书》就显得十分必要和迫切。

这部《西部农村实用生产建设丛书》的编写出版，紧紧抓住了国家西部大开发的战略机遇，着眼于推进农业科技入户工程和新型农民培训工程等项目的实施。主题就是要以科学发展观为指导，突出农民在建设社会主义新农村中的主体地位，帮助农民掌握科学的生产方法和技术，培养和造就有文化、懂技术、会经营的社会主义新型农民，为社会主义新农村建设提供人才保障。丛书以全面落实科学发展观为目标，在传授科学生产知识，提高劳动者文化素质的同时，按照建设社会主义新农村的总体要求，倡导科学文明的现代生产生活方式，构建人与人、人与社会、人与自然的和谐相处，促进农村社会进步、生活安定、民族团结。

丛书把介绍农村种养业技术与培养农民科学思想、科学精神，提高农民健康文明生活方式相结合，弥补了同类图书的不足，能全方位地关注农村生态环境、农民安居乐业，为发展循环经济、丰富农民的精神生活、建设美好家园服务。

丛书的突出特色在于着眼西部，服务新农村建设，探究解决农业、农村、农民的生产生活条件问题，给力建设小康社会。对于西部来说，由于种种原因，农业基础比较落后，农村人才资源匮乏，特别是农民对新的生产建设技术还缺乏了解，影响了农民生产生活条件的改善和收入水平的提高，制约了新农村建设的整体推进。本书稿充分认识这一实际情况，具有很强的针对性和指导性，其内容是最新科技成果的浓缩，理论浅显易懂，观点富于科学精神，技术农民容易掌握，科技含量高，创新点多，可为广大农民提供十分有价值的实用参数资料。

丛书内容分家庭低碳蜜蜂饲养技术、低碳果蔬设施生产建造技术、家庭绿色食用菌生产技术、西部农村新民居建设、庭院生态园林建造技术、庭院文化卫生建设技术等，可为西部大开发和社会主义新农村建设提供强有力的科技支撑，是十分珍贵和难得的图书。

甘肃省科学技术协会党组书记、常务副主席

史振业

前言

全球经济正从高碳时代逐步走向低碳时代，低碳农业是以低能耗、低排放、低污染为基础的生产模式，其关键在于提高农业生态系统对气候变化的适应能力以及其自身的循环能力，维持生物圈的碳平衡。研发资源高效利用、能耗低、化学农药使用少、无污染、选育抗逆性和抗病性强的设施专用果蔬品种以及低碳设施技术，建立设施低碳生产体系，对提高农业应对气候变化能力，促进其可持续发展有着重要的意义。

随着经济的发展和社会的进步，人们对生活质量和食品的安全提出了更高的要求，纯天然、无污染的健康食品已成为人们一种新的追求。日光温室和塑料大棚节能减排优势突出，是我国设施果蔬栽培的主要类型。优化温室结构，研发合理采光、减少热损失和夜间保温技术，提高日光温室的节能效果，研发果蔬贮藏技术，开发具有节能、节水、节肥功能且有自主知识产权的工程技术装备，是实现我国设施农业高技术含量的主要任务。

该书在编写过程中得到王义存、吴刚、杨富军、潘水站、符海、张杰、文平、陈明生、郭伟成等同志的大力支持，在此一并致谢！

目 录

第1章 绪 论 ... 1
1.1 低碳经济的概念 ... 1
1.2 低碳农业 ... 2
1.3 低碳蔬菜及发展途径 ... 3

第2章 低碳蔬菜生产设施 ... 5
2.1 日光温室 ... 6
2.2 塑料大棚 ... 46
2.3 地膜覆盖 ... 69
2.4 可控温室 ... 72
2.5 蔬菜防虫网棚 ... 89

第3章 果蔬贮藏保鲜技术与设施 ... 97
3.1 果蔬保鲜技术概况 ... 98
3.2 简易果蔬贮藏设施 ... 114
3.3 果蔬产地贮藏保鲜 ... 119
3.4 控温贮藏保鲜 ... 120
3.5 气调贮藏保鲜 ... 136
3.6 臭氧保鲜 ... 146
3.7 果蔬保鲜剂的应用 ... 148

参考文献 ... 162

第1章　　　绪　论

1.1　低碳经济的概念

　　伴随着生物质能、风能、太阳能、水能、化学能、核能等的使用，人类逐步从原始文明走向农业文明和工业文明。而随着全球人口和经济规模的不断增长，能源使用带来的环境问题及其诱因不断地为人们所认识，不止是烟雾、光化学烟雾和酸雨等的危害，大气中二氧化碳浓度升高将带来的全球气候变化，也已被确认为不争的事实。随着"低碳"话语的出现，现在"低碳社会"、"低碳城市"、"低碳超市"、"低碳校园"、"低碳交通"、"低碳环保"、"低碳网络"、"低碳社区"、"低碳农业"、"低碳蔬菜"——各行各业蜂拥而上，统统冠以"低碳"二字，使"低碳"成为一种时尚。所谓低碳经济，是指在经济持续发展理念指导下，通过技术创新、制度创新、产业转型、新能源开发等多种手段，尽可能地减少煤炭、石油能源消耗，控制温室气体排放，达到经济社会发展与生态环境保护双赢的一种经济发展形态。低碳经济是以低能耗、低污染、低排放为基础的经济模式，是人类社会继农业文明、工业文明之后的又一次重大进步，它是在资源约束和环境压力双重作用下，一场彻底改变人类社会经济秩序和生存方式的革命，日益成为全球的热点和世界潮流。

　　自2003年英国能源白皮书《我们能源的未来：创建低碳经济》首次提出低碳经济的概念以来，许多国家包括中国在内都在积极寻求低碳发展之路。就我国而言，2009年6月，国家应对气候变化小组暨国务院节能减排工作领导小组会议正式提出，将降低二氧化碳排放强度作为重要的发展指标。到2020年，我国单位

GDP（国内生产总值）二氧化碳排放将比2005年下降40%~45%，并将其作为约束性指标纳入国民经济和社会发展中长期规划。

发展低碳经济不仅需要发展低碳生产，同时也要倡导低碳生活；不仅要建设低碳城市，更要建设低碳农村。低碳农村是指在农业生产、农村建设、农民生活的过程中以及在农村工业化进程中实行低能耗、低排放、低污染的发展模式，在价值导向、行动理念、技术创新、管理创新以及制度创新等方面进行低碳化的变革，以建设资源节约、环境友好、人与自然和谐共生的幸福家园。

1.2 低碳农业

农业的发展经历了刀耕火种农业阶段、传统农业阶段和工业化农业阶段。工业化农业过程对生物多样性构成威胁：农田开垦和连片种植引起自然植被减少以及自然物种和天敌的减少；农药的使用破坏了物种多样性；化肥造成了环境污染，进而也引起生物多样性的减少；品种选育过程的遗传背景单一化及其大面积推广，造成了对其他品种的排斥……如果用低碳经济的概念衡量，这种农业可以说是一种"高碳农业"。改变高碳农业的方法就是发展生物多样性农业。生物多样性农业由于可以避免使用农药、化肥等，某种意义上正属于低碳农业。

低碳农业是一种比广义的生态农业概念还更广泛的概念，它是以低能耗、低排放、低污染为基础的农业模式，其实质是提高能源利用效率和创建清洁能源结构，核心是技术创新、制度创新和发展观的转变。其关键在于提高农业生态系统对气候变化的适应性并降低农业发展对生态系统碳循环的影响，维持生物圈的碳平衡；其根本目标是促进实现碳中性，使人为排放的CO_2与通过人为措施吸收的CO_2实现动态平衡。低碳农业不仅提倡少用化肥农药、进行高效的农业生产，而且在种植、运输、加工等过程中，电力、石油和煤气等能源的使用都在增加的情况下，低碳农业更注重整体农业能耗和排放的降低。

在农业生产和生活中，无论是节地、节水、节肥、节种，还是节电、节油、节柴（节煤）、节粮，只要是可以降低农业生产成本、保护农业生态环境、增强土壤的固碳能力、减少温室气体排放的，都属于化解农业风险、发展循环农业和低碳农业最有效最现实的形式。

1.3 低碳蔬菜及发展途径

减少CO_2排放量、发展"低碳经济"，如今已成世人共识。"低碳经济"不仅是工业的发展方向，也是农业发展的必由之路。我国农业的发展也应该以低碳农业取代高碳农业，而蔬菜产业在低碳农业中占有举足轻重的地位。

我国是一个设施农业大国，据统计，2008年，我国设施蔬菜（包括西甜瓜）栽培面积达335万公顷，占设施园艺面积的95%以上，占世界设施蔬菜总面积的80%以上，种植面积比2000年翻了近一番，占全国蔬菜种植总面积的18.7%；同年其产量为2.47亿吨，占蔬菜总产量41.7%，总产值达4100亿元，占蔬菜总产值的51%。实践证明，设施蔬菜产业在我国一些区域已成为农业的支柱产业，也成为现代农业的重要标志。因此，在设施农业领域推行温室气体减排和适应气候变化的措施以及发展低碳生产的技术，对提高设施农业应对气候变化能力、促进其可持续发展有着重要的意义。

发展低碳蔬菜产业的途径主要有以下3个：

（1）减少农药、化肥的使用

化学肥料和农药的生产、包装以及施用过程所消耗的能源在全部农业能源和石油燃料消耗量中占有很大比例。无公害蔬菜生产强调农药、化肥的合理使用，提倡以防为主、以治为辅、综合防治的植保方针，实施测土配方施肥、秸秆还田的施肥技术。有数据表明，农药和化肥的过度施用已得到一定的控制。但作为低碳农业中的蔬菜生产，在减少农药、化肥的使用方面仍有较大的空间。

在绿色食品蔬菜和有机食品蔬菜的生产过程中，限制和禁止化学肥料、农药的使用，强调通过生物固氮、使用有机肥料等技术措施，保持、增进土壤肥力；采用栽培、生物、物理防治等技术手段，预防、控制病虫害的发生。这些做法不仅保证蔬菜产品的安全性，也是蔬菜生产节能减排中的一个重点。实践证明，减少农药和化肥的使用、打造良好的生态环境、促进蔬菜生产在有机系统中进行养分和能量循环，能够增加土壤中有机碳含量，从而将大气中大量的二氧化碳固化在土壤中。作为低碳农业中的蔬菜产业，绿色食品蔬菜和有机食品蔬菜生产将有进一步的发展。

(2) 培育耐低温的蔬菜品种

蔬菜生产良种化和F1代蔬菜杂交种的利用，有力推动了蔬菜产业的发展，并取得了显著成效。低温、弱光是限制作物产量和品质的重要因素，在低碳农业生产中，培育耐低温的蔬菜品种有着重要的意义。北方冬季蔬菜生产多利用日光温室，严冬时节，为保障正常生产，尤其是茄果类蔬菜栽培，一般需要加温。无论是燃煤、燃油、燃气，均会产生CO_2的排放。培育耐低温的蔬菜品种，可以缩短加温的时间，降低加温的温度，减少碳的排放。为应对低碳农业蔬菜生产要求，筛选、培育耐低温弱光品种的育种目标应给与高度的重视。

(3) 推广高效节能型日光温室

日光温室蔬菜栽培在北方冬季蔬菜生产中占有很大的比重，近年来推广的高效节能型日光温室在生产中发挥出重要作用。高效节能型日光温室在结构上因地域气候条件不同而有差别，但是在设计和建造上都遵循一个原则，即与当地的气候条件相适应，优化采光条件，最大限度地获取太阳能；采用不同的保温材料，最大限度地保存已获得的太阳能。以北京为例，大型连栋玻璃温室冬季生产茄果类蔬菜，平均每公顷加温需用1200吨燃煤，而结构良好的高效节能型日光温室，据专家估计，平均每公顷可节省用煤150~180吨。2008年全国共有节能温室56.9万公顷，以此推算，全国可节煤0.85亿~1.2亿吨。因此，更好地优化温室结构、更多地采用新型的保温材料，是节能减排的有效手段，是推动低碳农业的有力举措。

第2章　低碳蔬菜生产设施

设施蔬菜生产是在外界环境条件不适于蔬菜生长的季节里，利用一定的设施或设备，人为创造适宜的条件，进行蔬菜生产的栽培方式。在冬春季节，利用增温保温的设施，在外界温度尚不适于蔬菜生产时，可进行育苗或栽培以提早收获和供应。在夏季高温季节，利用降温设施，可使蔬菜安全越夏，解决夏淡季蔬菜供应。设施蔬菜生产的主要任务，一是设计、建造适合不同季节和不同蔬菜生长发育的栽培设施；二是在设施环境条件下如何进行各种蔬菜的栽培，达到优质、早熟、高产、高效等目的。

目前设施蔬菜的生产设施按技术类别一般分为玻璃/PC板连栋温室、日光温室、塑料大棚、小拱棚（遮阳棚）4类。

(1) 玻璃/PC板连栋温室

玻璃/PC板连栋温室具有自动化、智能化、机械化程度高的特点，温室内部具备保温、光照、通风和喷灌设施，可进行立体种植，属于现代化大型温室。其优点在于采光时间长、抗风和抗逆能力强，主要制约因素是建造成本过高。塑料连栋温室以钢架结构为主，主要用于种植蔬菜、瓜果和普通花卉等。其优点是使用寿命长，稳定性好，具有防雨、抗风等功能，自动化程度高；其缺点与玻璃/PC板连栋温室相似，一次性投资大，对技术和管理水平要求高。一般作为玻璃/PC板连栋温室的替代品，塑料连栋温室更多用于现代设施农业的示范和推广。

(2) 日光温室

日光温室的优点为采光性和保温性能好、取材方便、造价适中、节能效果明显，适合小型机械作业；其缺点在于环境的调控能力和抗御自然灾害的能力较差。目前日光温室主要种植蔬菜、瓜果及花卉等。

（3）塑料大棚

塑料大棚是我国北方地区传统的温室，农户易于接受，以其内部结构用料不同，分为竹木结构、全竹结构、钢竹混合结构、钢管（焊接）结构、钢管装配结构以及水泥结构等。总体来说，塑料大棚造价比日光温室要低，安装拆卸简便，通风透光效果好，使用寿命较长，主要用于果蔬瓜类的栽培和种植。其缺点是棚内立柱过多，不宜进行机械化操作，防灾能力弱，一般不用它做越冬生产。

（4）小拱棚

小拱棚的特点是制作简单，投资少，作业方便，管理非常省事。其缺点是不宜使用各种装备设施，并且劳动强度大、抗灾能力差、增产效果不显著。主要用于种植蔬菜、瓜果和食用菌等。

在以上的4种类型中，日光温室和塑料棚是设施蔬菜栽培的主要设施。随着蔬菜农药残留带来的食品安全问题的日益突出，环境安全型温室建设成为无毒农业、设施农业、蔬菜标准园建设的核心设施。使用这种设施可以生产出没有农药污染的蔬菜瓜果，是今后设施农业重点发展的对象。

2.1 日光温室

日光温室是20世纪80年代在中国北方地区迅速发展起来的一种作物栽培设施。由于日光温室建造和运行成本低，适合中国社会经济的需要，成为中国设施农业的主体。建造温室的目的是为作物全年正常生产提供必要的条件，获得作物最优生长所需的重要气候环境因子。因此，日光温室优化结构不仅要满足透光率高、能量消耗低、通风良好的要求，而且要具有足够的结构强度和良好的机械力学性能，降低建造和运行成本，实现最大的经济效益。

利用保护结构进行作物生产可追溯到远古时代，到罗马帝国末期消失，15世纪末期到18世纪在英国、法国和荷兰再次出现。但温室用于商业生产却是开始于19世纪中期，并于1945年后迅速发展起来。最初,温室仅是一个依靠日光的加热室,最大吸收太阳辐射、减少热量损失,对其的研究主要集中于贮存和减少热量损失。但是,由于仅依靠日光进行生产的温室很难实现环境因子的最优控制,随着经济的发展,20世纪60、70年代开始,可控制环境性能的现代化温室迅速发展起来,成为商业温室生产的主要结构。目前,国外对日光温室的研究主要集中于可控环境性能的现代化温室,包括覆盖材料、通风系统等,且其日光温室结构与中国日光温室不同。国外通常采用多种方式改善影响温室内作物生长的环境因子,如采用加热方式提高温度、用专用灯具增加光照等,但这些方式将加大温室成本,不能被广大发展中国家栽培者接受。

温室结构是影响内部环境性能的重要因素,对于提高温室的生产率和资源利用率、降低成本、保障安全稳定生产具有重要的意义。中国从20世纪80年代中期对日光温室结构进行了大量研究与改进,并使现代化温室在中国迅速发展,到2003年年底,中国已有大型连栋温室约700公顷,而日光温室面积已达60余万公顷,占温室和大棚等大型设施总面积的50%左右。由此可看出,日光温室在中国占有相当大的比重,其适合中国国情需要,对中国经济发展和解决"三农"问题具有重要的作用。长期以来,中国的日光温室以生产蔬菜为主,但近年来果树、花卉等种植业及养殖业也快速发展,对提高城乡居民生活水平、大幅度提高农民收入、节省能源做出了历史性贡献。

2.1.1 日光温室特点

(1) 光照是日光温室的重要能源

光照是温度的重要来源,而温度又是植物生长的原动力,没有光照和温度,万物都无法生存。在日光温室中,光照不仅是绿色植物制造养分和生命活动不可缺少的能源条件,又是形成温室小气候的主导因素。由于日光温室生产是在光照时间短、强度弱的季节进行,温室又有不透明和遮蔽的部分,即使前屋面覆盖无滴膜,也要比室外的光照强度低20%以上。

在一天中,早晚太阳高度角小,日光斜射,光照弱;中午太阳高度角大，光照强。温室内各部位的受光量不同，水平方向和垂直方向的差异都很明显。水平方向上主要表现为由南向北光照强度剧烈减弱，光照梯度约为1000lx/m。在垂直方向上表现为上、下弱而中间强。晴天光照分布差异大，阴天光照分布差异小。

温室内的热量主要来源于太阳辐射。有阳光的天气，室内温度直线上升，原因是太阳辐射的热量透过前屋面的塑料薄膜进入温室内，产生的长波辐射形成的热向室外散发较慢，所以室内温度直线升高。夜间没有太阳辐射，薄膜又能阻止长波辐射，加之薄膜上又覆盖纸被、草苫等进行保温防寒，从而使温室内达到较大的温差，这一特性称"温室效应"。

(2) 采光和保温决定温室性能

日光温室主要由围护墙体、后屋面和前屋面三部分组成，简称日光温室的"三要素"。其中前屋面是温室的全部采光面，白天采光时段前屋面只覆盖塑料膜采光，当室外光照减弱时，及时用活动保温被覆盖塑料膜，以加强温室的保温。

节能型日光温室的透光率一般在60%以上，室内外气温差可保持在21°C以上。日光温室的性能取决于采光和保温两个方面。

日光温室采光：一方面太阳辐射是维持日光温室温度或保持热量平衡的最重要的能量来源；另一方面，太阳辐射又是作物进行光合作用的唯一光源。

日光温室保温：日光温室的保温由保温围护结构和活动保温被两部分组成。前坡面的保温材料应使用柔性材料以易于日出后收起、日落时放下。对新型前屋面保温材料的研制和开发主要侧重于便于机械化作业、价格便宜、重量轻、耐老化、防水等指标的要求。

(3) 日光温室的室温特性

日光温室内的温度随着外界温度的变化而变化，严寒的冬季和早春外界气温低，室内气温也随之下降；但是由于日光温室采光科学、保温措施得当，在北纬40°的地区，当外界温度降到−20℃时，室内最低温度仍可保持在5℃以上，一般室内外温差可达到25℃，甚至有时可达到30℃。

由于温室内气密性好，晴天室内温度可超过30℃，甚至可高达40℃左右，所以必须通过通风换气来调节。

从室内的温度分布来看，白天日光温室前部光量多，由于室内空间小，地面辐射量也集中在这里，揭苫后室内前部的温度提升很快、温度较高，而温室北部则相反；这就形成了温室内温度南高北低的特点。夜间，温室南部因空间小，散热量大，而后屋面和后墙散热较慢，又因为后墙是载热体，夜间放热，后部温度明显高于前部，所以温室前部昼夜温差大，后部昼夜温差小。就温室内产量而言，前部产量高，后部产量低，特别是果菜类蔬菜，后部很容易徒长。

（4）日光温室的地温特性

日光温室的地温也是随着气温的变化而变化，晴天白天中部地温（中柱前1m）最高，向南向北逐渐降低；夜间变得后坡最高，由北向南递减。地温的垂直分布，晴天，白天地温最高；夜间以土壤内10cm地温最高，向上向下都低；20cm处白天、黑夜温差较小。阴天时20cm处的地温最高。

日光温室中，12月下旬，当室外0~20cm处平均地温下降到

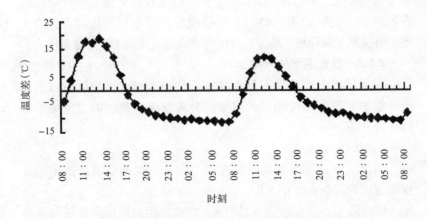

图2-1 温室内气温和20cm地温之间的温度差

-1.4℃时，室内平均地温为13.4℃，比室外高14.8℃。1月下旬，室内10cm、20cm和50cm的地温比室外分别高13.2℃、12.7℃和10.3℃。一般的耕作层为地表至地下20cm，因此，日光温室内的地温完全可以满足作物生长过程中根系伸长和吸收水分、养分等生理活动的进行。

（5）日光温室内二氧化碳含量的变化规律

二氧化碳是植物进行光合作用的重要原料。自然界大气中二氧化碳的含量为0.032%，这样的二氧化碳浓度只能保证植物维持较低的光合速率水平。在一定的条件下（光照、温度、湿度等），如果提高二氧化碳浓度，则可大大增加作物的光合作用强度，从而显著增产。

温室是一个封闭或半封闭的环境系统，温室中二氧化碳主要来源于土壤中有机质的分解，作物在夜间有氧呼吸过程中也会不断释放二氧化碳，此外通过温室的通风换气也可将外界的二氧化碳补充进来。

在一天当中，上午揭草苫子时，温室内的二氧化碳浓度最高，可达600μL/L以上，比外界大气中的二氧化碳高出一倍；上午由于不断进行光合作用而使二氧化碳消耗殆尽，至13时左右其含量降为最低，约为200μL/L左右，通过放风可使二氧化碳浓度有所回升。晚间由于作物的有氧呼吸排出部分二氧化碳，加之土壤中有机肥分解释放一部分，可使温室内二氧化碳的浓度显著提高。

2.1.2 日光温室的分类

目前国内温室大致有日光温室、塑料大棚、可控温室（也称连栋温室）等。在说明日光温室的分类前先对我国的温室类型进行简要介绍。

温室的种类：

高温温室：冬季温度保持在15℃以上，供栽培原产热带的花卉和促成栽培花卉催花之用。

中温温室：冬季温度保持在8～15℃，供栽培原产热带与亚热带接壤地区的花卉，如鱼尾葵、散尾葵以及热带高山荒漠的仙人掌类等之用。

低温温室：冬季温度保持在5~8℃，供栽培原产亚热带的花卉，如扶桑、白兰花、茉莉花等之用。

冷室：冬季温度保持在0~5℃，供原产暖温带的花卉，如桂花、柑橘类等越冬防寒之用。

日光温室是依据温室加温设备的有无而分类的一种温室类型，即不加温温室，其采用较简易的措施，依靠日光的自然温热和夜间的保温设备来维持室内温度，通常作为低温温室来应用。日光温室具有鲜明的中国特色，是我国独有的设施，在北方应用较多些。一般在寒冷地区用作蔬菜的防霜、御寒、越冬栽培或者在早春解冻前育苗。

日光温室的结构各地不尽相同，分类方法也比较多。按墙体材料分主要有干打垒土温室、砖石结构温室、复合结构温室等。按后屋面长度分，有长后坡温室和短后坡温室；按前屋面形式分，有二折式、三折式、拱圆式、微拱式等。按结构分，有竹木结构、钢木结构、钢筋混凝土结构、全钢结构、全钢筋混凝土结构、悬索结构、热镀锌钢管装配结构。

日光温室也称冬暖棚，其雏形是单坡面玻璃温室，前坡面透光覆盖材料用塑料膜代替玻璃即演化为早期的日光温室。根据地理位置不同选取温室方位及墙体厚度，墙体一般为土墙或砖墙，方位北方一般取南偏西5°~10°。日光温室的特点是保温好、投资低、节约能源，非常适合我国经济欠发达的农村使用。

2.1.3 日光温室的建造技术

2.1.3.1 日光温室建设概述

由于塑料工业的发展，加之玻璃易破损，农村日光温室大多以塑膜为屋面材料。特别是我国北方在土温室基础上兴起的塑料日光温室，具有明显的高效、节能、低成本的特点，深受菜农及消费者的欢迎。通常在温室内可设置一些加热、降温、补光、遮光设备，使其具有较灵活的调节控制室内光照、空气和土壤温湿度、二氧化碳浓度等作物生长所需环境条件的能力，成为当今蔬菜保护地栽培设施之一。

实践证明，凡室外最低温度不低于-25℃，利用塑料日光温室的特殊结构性能，可使室内温度保持在5℃以上。

我国日光温室及栽培技术独具特色，在发展中国家处领先水平。其工艺路线与发达国家不同：发达国家以钢结构、大型日光温室为主，我国以中小型为主；发达国家覆面材料以聚酯为基材的透光材

图2-2　日光温室效果图

料为主，我国以塑膜（聚乙烯膜和多功能膜、无滴PVC棚膜）为主。我国日光温室投资回收期短，竹木结构当年可收回投资，钢结构的投资回收期一般为2~4年。但我国日光温室的调控手段落后于发达国家。

日光温室是四位一体生态型大棚模式的重要组成部分之一。它的建造是在沼气池、猪舍及厕所建造的基础上进行的。所以，沼气池要先建，猪舍与温室同步进行。当然，若将现有日光温室改建成四位一体生态型大棚"模式"也是可以的，在日光温室的一端建造沼气池和猪舍即可。因此，对沼气池、厕所、猪舍、日光温室的建造顺序也需根据具体条件灵活掌握。

2.1.3.2　日光温室建设要素

1. 场地选择

温室属于固定设施，又属现代设施农业，对场地要求比较严格。其场地必须地形开阔、地势平坦、避风向阳、光照充足，同时要求通风条件好、土质肥沃、水质优良、排灌水方便、水电源有保障、交通便利、远离高大建筑物及污染源，最好场地周围土地比较集中，以便后期能够连片开发。

2. 场地布局规划

①温室方向：必须是坐北向南，东西延长，以正南偏西5°~8°为佳。

②道路布局：东西延长温室群以南北向路为主，在路东西两

侧建两排温室，对称排列。

③温室间距：温室前后两排间的距离，应以冬至日前栋温室不遮蔽后栋温室的太阳光为标准。一般该距离等于前栋温室脊高的2～3倍。

3. 温室结构

日光温室的建设要注意五度和四比。

（1）五度

包括角度、高度、跨度、长度和厚度。

1）角度：包括前窗底角、屋面角、后屋面仰角及方位角。

①前窗底角指大棚最前面立窗与水平面的夹角，一般60°～70°。

②屋面角指前柱到脊柱间的透明屋面与水平地面的夹角，与南北纬度位置有关。一般为当地地理纬度减少6.5°左右，如西北地区平均屋面角度要达到25°以上。主采光屋面角越大，进入室内的光照越多，作物生长越好。

③后屋面仰角指后屋面与地平面的夹角。为使后屋面起到吸收、储存热量及向温室北部地面反射光线的作用，同时又方便作业，后屋面仰角要保证在35°～40°。这个角度的加大是要求冬、春季节阳光能射到后墙，使后墙受热后储蓄热量，以便晚间向温室内散热。

④方位角指一个温室的方向定位，要求温室坐北朝南、东西向排列，向东或向西偏斜的角度不应大于7°。

2）高度：包括矢高和后墙高度。矢高是指从地面到脊顶最高处的高度，一般要达到3m左右。由于矢高与跨度有一定的关系，在跨度确定的情况下，高度增加，屋面角度也增加，从而提高了采光效果。6m跨度的冬季生产温室，其矢高以2.5～2.8m为宜；7m跨度的温室，其矢高以3～3.1m为宜。后墙的高度为保证作业方便，以1.8m左右为宜，过低影响作业，过高时后坡缩短，保温效果下降。

3）跨度：是指温室后墙内侧到前屋面南底脚的距离，以6～7m为宜。这样的跨度，配之以一定的屋脊高度，既可保证前屋面有较大的采光角度，又可使作物有较大的生长空间，便于覆盖保温，也便于选择建筑材料。如果加大跨度，虽然栽培空间加大了，但屋面角度变小，这势必采光不好，并且前屋面加大，不利于覆盖保温，同时这样也增加了建筑材料投资，生产效果不好。近年来根据栽培作物的不同，在日光温室的跨度上有所加大，如8m跨度的温室，应把矢高度提高到3.3～3.4m，后墙提高到2m。

4) 长度：指温室东西山墙间的距离，以50～80m为宜。这样一栋温室净栽培面积为350m^2左右，利于一个强壮劳力操作。如果太短，不仅单位面积造价提高，而且东西两山墙遮阳面积与温室面积的比例增大，影响产量；故在特殊条件下，最短的温室也不能小于30m长。但过长的温室往往温度不易控制一致，并且每天揭盖草苫占时较长，不能保证室内有较长的日照时数。另外，在连阴天过后，也不易迅速回苫，所以最长的温室也不宜超过100m。

5) 厚度：包括墙体厚度、后屋面厚度和草苫的厚度。厚度的大小主要决定日光温室的保温性能。

①墙体厚度：墙体包括后墙和山墙，是温室的主体部分，墙体的厚度根据地区和用材不同而有不同要求，但总体要求是厚度要大于当地冻土层深度。在黄淮地区土墙应达到80cm以上，东北地区应达到1.5m以上；砖结构的空心异质材料墙体厚度只有达到50～80cm，才能起到吸热、贮热、防寒的作用。西北温室的墙体厚度为：土堆墙体底厚2.5～3.0m，上厚0.8～1.0m；草泥垒墙体厚0.8～1.0m。

图2-3 日光温室内部

②后屋面宽度及厚度：温室保温防寒能力强弱，除取决于墙体厚度外，还与后屋面的薄厚和宽窄有关。为增强日光温室的保温防寒能力，同时又要避免春季太阳照射时后坡下形成阴影区，

后屋面宽以1.5~2.0m为宜，厚度0.4~0.5m。

(2) 四比

即指各部位的比例，包括前后坡比、高跨比、保温比和遮阳比。

1) 前后坡比：指前坡和后坡垂直投影宽度的比例。日光温室的前坡和后坡有着不同的功能，温室的后坡由于有较厚的厚度，起到贮热和保温作用；而前坡面覆盖透明覆盖物，白天起着采光的作用，但夜间覆盖较薄，散失热量也较多。所以，它们的比例直接影响着采光和保温效果。目前生产上主要有3种情况：第一种是短后坡式，前后坡投影比例为7:1，如瓦房店式的温室就是如此，前坡面6~6.2m，后坡面仅有0.6~0.8m；第二种为长后坡式，前后坡投影比为2:1，如永年式温室，前坡面4~4.5m，后坡面2~2.5m；第三种为没有后坡，除了后墙和山墙外，都是采光面。现建造的日光温室大多用于冬季生产，为了保温必须有后坡，而且后坡长一些能提高保温效果；但是，后坡过长、前坡短，会影响白天的采光，且栽培面积小。所以，从保温、采光、方便操作及扩大栽培面积等方面考虑，前后坡投影比例以4.5:1左右为宜，即一个跨度为6~7m的温室，前屋面投影占5~5.5m，后屋面投影占1.2~1.5m。

2) 高跨比：指日光温室的高度与跨度的比例。二者比例的大小决定了屋面角的大小，要达到合理的屋面角，高跨比以1:2.2为宜。即跨度为6m的温室，高度应达到2.6m以上；跨度为7m的温室，高度应为3m以上。

3) 保温比：是指日光温室内的贮热面积与放热面积的比例。在日光温室中，虽然各围护结构都能向外散热，但由于后墙和后坡较厚，不仅向外散热，而且可以贮热，所以在此不作为散热面和贮热面来考虑；则温室内的贮热面为温室内的地面，散热面为前屋面，故保温比就等于土地面积与前屋面面积之比。

日光温室保温比（R）=日光温室内土地面积（S）/日光温室前屋面面积（W）

保温比的大小说明了日光温室保温性能的大小。保温比越大，保温性能越高，所以要提高保温比，就应尽量扩大土地面积，而减少前屋面的面积；但前屋面又起着采光的作用，还应该保持在一定的水平上。根据近年来日光温室开发的实践及保温原理，以保温比值等于1为宜，即土地面积与散热面积相等较为合理，也就是跨度为7m的温室，前屋面拱杆的长度以7m为宜。

图2-4 日光温室保温被

4）遮阳比：指在建造多栋温室或在高大建筑物北侧建造温室时，前面地物对建造温室的遮阳影响。为了不让南面地物、地貌及前排温室对建造温室产生遮阳影响，应确定适当的无阴影距离。

4. 通风口

通风口起降温、排风、补充二氧化碳、排除有害气体的作用，分上下两处，上排风口在屋脊处；下排风口在距地面1m高处，可防止贴地冷空气直接进入室内伤害作物，一般只在高温秋季和晚春时打开。

5. 建造时间

温室的建造一般应在雨季过后、上冻前完成，否则墙体没有全干透，一方面会增大扣膜后温室内的湿度，降低升温速度，使作物易感病，温室性能降低；另一方面，上冻后墙体会膨胀，缩短温室使用寿命。

2.1.3.3 日光温室的采光

太阳辐射既是日光温室内气温和土壤温度的主要热源，又是作物进行光合作用的必备条件。特别是日光温室要在冬季使用，此时外界气温低、太阳光照弱，如何最大限度地接受光能就成了提高作物产量的关键。所以日光温室的采光设计也显得尤其重要。

1. 方位

温室的方位是指温室屋脊的走向。日光温室是靠向阳面采光的，所以一般都是坐北朝南、东西延长，使采光面朝向正南，以充分接受日光照射。在生产实践中，某些地区冬季早晨比傍晚寒冷得多或早晨多雾，不能太早揭开覆盖物，温室方位可以南偏西些，以充分利用下午的阳光，这叫"抢阴"。某些地区冬季气候温和且大雾不多，温室方位可以南偏东些，以充分利用上午的阳光，因为上午的光质比午后的好，更有利于作物的光合作用，这叫"抢阳"。无论是偏东还是偏西都要注意当地冬季的主导风向，如果因此使采光面受到寒风的直接吹袭，就会降低温室的保温性能；所以应该权衡利弊后再做决定。

除了气象条件外还要考虑温室周围的环境，因为早晨和傍晚的太阳高度角很小，日光容易被山、树木、建筑等遮挡。偏转的角度$α$可用式（2-1）进行计算，正值为南偏西的度数，负值为南偏东的度数。

$$\sin α=\sin Φ tg[(h_1+h_2)/2]\cos α+\cos Φ ctg γ tg[(h_1+h_2)/2]。 \quad (2-1)$$

式中，$Φ$为纬度，$γ$为采光角；h_1和h_2为在冬季对该温室日照最好的时段的起止时刻的时角（时角在地方时间正午为$0°$，上午为负值，下午为正值，每小时$15°$）。

这个关系式是通过假设在时角为h_1和h_2时日光的入射角相等，利用倾斜平面上太阳直接辐射入射角的计算公式推导出来的。需要指出的是，偏转的角度一般认为不宜超过$10°$。此处提到的方向都是指地理方向。如果是用罗盘仪测定方向，必须将磁偏角扣除。磁偏角的大小各地不同，使用时需要查阅有关资料。此处的时间都是指当地时间，而不是日常使用的北京时间。北京时间是东经$120°$的地方时间，经度每差$1°$，时间差4分钟。可以利用这个关系进行北京时间和地方时间的换算。

2. 采光屋面

（1）采光角

采光角是指日光温室采光屋面与地平面的夹角。日光透过采光屋面覆盖的塑料薄膜时的透过率与入射角有关，入射角越大透过率越小。所以确定合理的采光角以保证日光能有恰当的入射角是采光设计的关键之一。

从理论上讲，入射角为$0°$（日光垂直照射）时，日光透过率最大。但在冬季太阳高度角很小,要使日光和采光屋面垂直,采光角必须很大,温室必须建得相当高才能办到。即便如此,由于太阳的位置随季节和时刻的不同在不断变化着,日光也只能在一年中的某一瞬间垂直照射采光屋面。所以一味追求日光入射角为0°是不切实际的。我们只能要求在每天的一个合理的时段内日光的入射角不超出我们能接受的范围。

有资料表明,入射角在0°~40°时,随入射角加大,日光透过率略有下降,但不显著。入射角40°时的反射损失仅为3.4%,对采光影响不大。另外,为了满足栽培学上的要求,温室的合理采光时段应保持4小时以上。所以我们以太阳高度角最小、光照最弱的冬至日为计算日,以日光在上午10点时的入射角是40°为依据来计算日光温室的采光角。

倾斜平面上太阳直接辐射入射角的计算公式为:

$$\cos i = C_1 \sin\delta + C_2 \cos\delta \cos h + C_3 \cos\delta \sin h \quad (2-2)$$

$$C_1 = \cos\gamma \sin\Phi - \sin\gamma \cos\Phi \cos\alpha$$

$$C_2 = \cos\gamma \cos\Phi + \sin\gamma \sin\Phi \cos\alpha$$

$$C_3 = \sin\gamma \sin\alpha$$

式中,i 为入射角;δ 为太阳赤纬;h 为时角;γ 为平面倾斜角;α 为平面方向角(从正北到坡度线在地平面上的投影的角度,逆时针为负,顺时针为正,取值在 $-90°$ 到 $90°$ 之间)。

把 $i=40°$,$\delta=-23°27'$(冬至),$h=-30°$(10点钟),$\alpha=0°$(朝向正南)代入式(2-2)化简后得:

$$0.766 = 0.3979\sin(\gamma - \Phi) + 0.794555\cos(\gamma - \Phi)$$

通过试算可以得出

$$\gamma - \Phi = -3°51'$$

那么 $\gamma = \Phi - 3°51'$

就是说,日光温室的采光角应该比纬度小 $3°51'$。

(2)采光屋面的形状

从理论上讲,采光屋面曲率越小,日光透过率越大。但曲率过小会使温室前端过低,无法进行作业。如果前端留的操作空间太大,又势必会减小主采光面的角度,从而降低总体的采光性能。另外,在有风时棚膜内外产生的压力差会引起棚面摔打,该现象与屋面曲率和风力有关,曲率越小,摔打越严重。所以采光屋面形状的设计要在兼顾考虑操作空间、防止棚面摔打和便于雨水流下的情况下尽量减小曲率。有研究表明,圆—抛物面组合的形状是较好的选择,其透光率比一坡一立、圆面、抛物面等形状都好。并且这种组合的顶端角度较大,不易兜水;中部弧度大,易被压膜线压紧,且利于防止棚面摔打;前底角附近也有适当的操作空间。此外还应注意,棚膜和压膜线绷紧的力度要恰当,尽量避免采光屋面高低起伏的幅度过大。

(3) 屋面材料

屋面材料一般都是塑料薄膜。从采光的角度考虑,要尽量选择透光性能好,具有防尘、无滴功能的塑料薄膜。棚膜表面附有灰尘和水滴时,会影响其透光性能,一般塑料薄膜上聚有水滴时,约有20%的光能被反射回去。

3. 后屋面投影

后屋面投影是指日光温室屋脊在地平面的投影到后墙根的距离。后屋面宽有利于保温,但不利于采光增温,遮光面积也大,影响后排作物的生长;后屋面窄有利于采光增温,但不利于保温。所以后屋面的宽窄要同时兼顾采光和保温两个方面。太阳直接照射温室后墙的高度正午最低,上下午高些;在一年中是夏至最低,冬至最高,春(秋)分居中。对于朝向正南的日光温室,以春分正午太阳直接照射到后墙1.5m高为依据计算后屋面投影较为适宜,这样秋季和冬季太阳直接照射后墙的高度都在1.5m以上。在春季和夏季正午太阳直接照射后墙的高度虽然不到1.5m,但由于日照时间的延长,温室后部在中午的光照不足可以从上、下午得到弥补。根据正午太阳高度角的计算公式:

$\beta=90°-\Phi+\delta$,可知春分日($\delta=0$)正午太阳高度角为$90°-\Phi$,由此可以得出:后屋面投影=(脊高-1.5m)tgΦ。

4. 温室长度

温室长度越小,山墙的遮光面积占总面积的比例越大,总体的采光性能越差。但长度太长会给管理带来不便。一般温室的长度以50~60m为宜,最短不低于15m。

5. 日照间距

前排温室或其他物体如树木、房屋都可能遮挡阳光,影响温室的采光。日光温室必须和这些物体保持足够的间距。我们以太阳高度角最小、阴影最长的冬至日午间4小时温室不被遮阴为依据来计算日照间距。计算步骤如下:

首先计算冬至日上午10点的太阳高度角(β),公式为:

$$\sin\beta = \sin\delta\sin\Phi + \cos\delta\cos\Phi\cos h \tag{2-3}$$

再计算冬至日上午10点的太阳方位角(A),公式为:

$$\sin A = \sin h\cos\delta/\cos\beta \tag{2-4}$$

最后用下式计算日照间距:

$$d = H\text{ctg}\beta\cos A \tag{2-5}$$

式中,d为温室采光屋面外的防寒沟到遮挡物最高点的铅直线的南北方向的距离;H为遮挡物最高点相对于采光屋面底脚的高度(不是绝对高度)。

前排温室应当加上卷起的覆盖物来计算高度。凡是从南偏东[A]到南偏西[A]范围内的物体都有可能在午间4小时遮挡阳光,日光温室应当与这个范围内的物体都保持适当的间距。因为温室前面的空地由于被遮阴造成的低地温对温室内地温有影响,所以在冬季严寒的地区,为了提高温室内地温,日照间距应该在上述计算的基础上再加大一些。

6. 其他

除以上因素外,建筑构件、布局等也会影响日光温室的采光。温室的拱架、柱子等建筑构件对日光有一定的遮挡作用,在不影响建筑强度的情况下,应尽量选用小断面的材料作拱架,减少或取消柱子,也可将其改为拉杆或吊柱。对于成片建设的日光温室,如果能采用错位布局,可以利用前排温室山墙的间隙争取更多的光照。另外,太阳光被大气层散射后形成的散射辐射对温室的采光也有影响,散射辐射来自天空的四面八方,所以日光温室的选址要远离高大的树木、建筑物等,以免这部分光能被遮挡。

以上对日光温室采光设计中的主要问题作了阐述。其中采光角、后屋面投影和日照间距的计算方法是按日光温室朝向正南给出的。当朝向有偏转时，会对这些参数的计算有影响。但一般日光温室的朝向偏转都不超过10°，影响不是非常大，所以在设计时仍可以此作为参考。

2.1.3.4 施工步骤

1. 放线

平整地面后，确定温室方位角、温室跨度、长度、山墙位置、缓冲房面积、位置，然后定桩放线。

2. 建墙体

墙体包括背墙和东西山墙。土墙基部宽1.5m，上部宽1m，断面为梯形。后墙高度2.5~2.9m（依棚跨度而定）。山墙按温室设计要求建成前坡拱形和后坡平斜形。建背墙时，在距后墙东端或西端0.9m处，东西向平行预埋3~5根木桩，以便棚建成后开挖高1.5m、宽0.6m的土门与缓冲房相连。建棚前，应将棚内0.3m土壤耕作层推至一边，棚建成后回填。

3. 立钢架

（1）挖坠石沟

墙体建成后，在两山墙外1.5~2m处，各挖一条长6m、宽0.5m、深1.5m的坠石沟，埋入坠石，坠石上接好铁丝。

（2）焊接钢架

钢架上弦为直径25mm镀锌钢管（管壁厚度3mm），下弦为直径12mm的钢筋，上、下弦间距为20~25cm，拉花为直径12mm的钢筋，拉花间距为20~25cm。

（3）立钢架

每隔2m立一钢架，前底角埋入地下0.2~0.3m，后坡底端立于距北墙内侧0.3~0.4m处，用混凝土埋固。钢架间，在屋脊处东西向焊接两道平梁，上平梁用直径25mm的镀锌钢管焊接在钢架的上弦下面，下平梁用直径12mm钢筋焊接在钢架的下弦上面，上、下平梁间用直径12mm钢筋作拉花，间隔0.3m焊接一道。

（4）铺设钢丝、竹竿

前坡铺设直径2.6mm钢丝35~40根，固定在钢架上、下弦上，上密下稀，间距0.3~0.6m，两端接紧固定在山墙外预埋的坠石上。前屋面间隔50cm南北向铺设一道竹竿，并固定在东西向上弦的钢丝上，每道竹竿用两根长7m的竹子连接而成。

4. 建后坡屋面

后坡屋面东西向铺设7道直径2.6mm的钢丝，固定在钢架上弦上，两端拉紧固定于山墙外的坠石上。后坡屋面南北向每隔0.3m铺设直径5cm的木杆或竹竿一根，上端固定在平梁上，下端立于后墙上，并固定在东西向的钢丝上。然后用农膜上下包住三层草帘覆在后坡上。后墙放0.6m石棉瓦用于排水护墙，最后覆土0.5m，踩实即可。

5. 覆盖农膜、上压膜线

扣膜时最好采用三幅，上幅宽2.5m，中间幅宽7~9m（依温室跨度而定），下幅宽1.5m，每幅膜的一边要粘合宽20cm的加强固定带，中间加一根直径2.6mm的钢丝。为防止雨雪水顺膜流入棚内，上膜时应上膜压下膜叠压搭接，上下叠压搭接20cm，生产中用扒缝放风。

扣膜时绷紧棚膜，农膜两端各绑缚竹竿一根，固定于山墙外的坠石上，间隔1m，南北向用压膜线压实。后屋面东西向拉设一道直径2.6mm的钢丝，穿过后坡屋面固定于钢梁上，前屋角下每隔1m预埋一个地锚，用于固定压膜线。

6. 建缓冲房

在北墙一端根据生产需要修宽3m、长4m的缓冲房，缓冲房门和温室入口应开在不同方位上，防止寒风直吹。

7. 挖防寒沟

在距日光温室前屋角南端0.4m处，挖深0.5m、宽0.4m、东西走向的防寒沟。沟内四周覆旧农膜，内填农作物秸秆等隔热材料。

2.1.3.5 日光温室的结构类型

日光温室从前屋面的构型来看，基本分为一斜一立式和半拱式。由于后坡长短、后墙高矮不同，又可分为长后坡矮后墙温室、高后墙短后坡温室、无后坡温室（俗称半拉瓢）。从建材上又可分为竹木结构温室、早强水泥结构温室、钢铁水泥砖石结构温室、钢竹混合结构温室。决定温室性能的关键在于采光和保温，至于采用什么建材主要由经济条件和生产效益决定，比较常用的温室有一斜一立式温室和半拱式温室。"模式"日光温室一般采用带有后墙及后坡的半拱式日光温室，这种温室既能充分利用太阳能，又具有较强的棚膜抗摔打能力。因此，温室结构设计及建造以半拱式为好。

1. 一斜一立式温室

一斜一立式温室（图2-5）是由一斜一立式玻璃温室演变而来的。20世纪70年代以来，由于玻璃的短缺、塑料工业的兴起，塑膜代替玻璃进行覆盖。一斜一立式日光温室最初在辽宁省瓦房店市发展起来。现在已辐射到山东、河北、河南等地区。

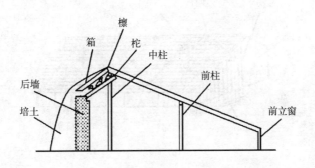

图2-5 一斜一立式温室

一斜一立式温室常见的规格为：跨度7m左右，脊高3~3.2m，前立窗高80~90cm，后墙高2.1~2.3m，后屋面水平投影1.2~1.3m；前屋面采光角达到23°左右。

一斜一立式温室多数为竹木结构，前屋面每3m设一横梁，由立柱支撑。

这种温室空间较大，弱光带较小，在北纬40°以南地区应用效果较好。但前屋面压膜线压不紧，只能用竹竿或木杆压膜，既增加造价又遮光。

2. 琴弦式日光温室

20世纪80年代中期以来,辽宁省瓦房店市改进了温室屋面的结构,创造了琴弦式日光温室(图2-6)。前屋面每3m设一桁架,桁架用木杆或Φ25mm钢管或直径为14mm钢筋作下弦,用直径10mm钢筋作拉花。在桁架上按30~40cm间距,东西拉8号铁丝,铁丝东西两端固定在山墙外基部,以提高前屋面强度;铁丝上拱架间每隔75cm固定一道细竹竿,上面覆盖薄膜,膜上再压细竹竿,与膜下细竹竿用细铁丝捆绑在一起。盖双层草苫。琴弦式日光温室常用规格为:跨度7.0~7.1m、高2.8~3.1m、后墙高1.8~2.3m。其可用土或石头垒墙加培土制成,经济条件好的地区可以砖砌墙,现今又出现了用使用过的编织袋装土快速垒墙的做法。

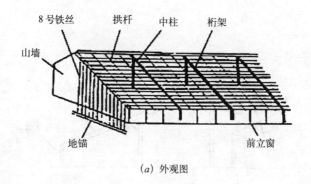

(a) 外观图

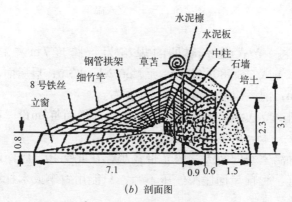

(b) 剖面图

图 2-6 琴弦式日光温室(单位:m)

近年来一斜一立式或琴弦式温室又发展成前屋面向上拱起，以便更好地压膜和减轻棚膜的摔打现象。

3. 半拱式温室

半拱式温室（图2-7）是从一面坡温室和北京改良温室演变而来。20世纪70年代木材和玻璃短缺，前屋面改松木棱为竹竿、竹片作拱杆，以塑料薄膜代替玻璃，屋面构型改一面坡和两折式为半拱形。半拱式温室跨度多为6~6.5m，脊高2.5~2.8m，后屋面水平投影1.3~1.4m。这种温室在北纬4℃以上地区最普遍。

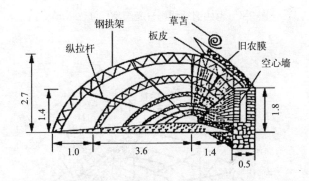

图2-7 半拱式温室（单位：m）

4. 无柱钢竹结构日光温室

日光温室中无柱钢竹结构如图2-8所示，矮后墙长后坡竹木结构日光温室如图2-9所示，高后坡竹木结构日光温室如图2-10所示。

从太阳能利用效果、塑膜棚面在有风时减弱棚膜摔打现象和抗风雪载荷的强度出发，半拱式温室优于一斜一立式温室，故优化的日光温室设计是以半拱式为前提的。

2.1.3.6 日光温室的结构

1. 日光温室的几何尺寸

①跨度（L）：后墙内侧至前屋面骨架基础内侧的距离；

②后墙高（h）：基准地面至后坡与后墙内侧交点；

③温室高度（H）：基准地面至屋脊骨架上侧的距离；

④后坡仰角（α）：后墙内侧斜面与水平面夹角；

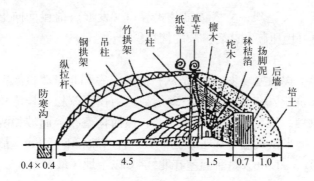

图2-8 无柱钢竹结构日光温室（单位：m）

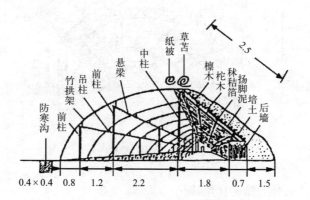

图2-9 矮后墙长后坡竹木结构日光温室（单位：m）

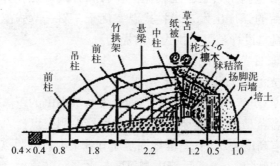

图2-10 高后墙矮后坡竹木结构日光温室（单位：m）

⑤温室长度（M）：两山墙内侧距离；

⑥温室面积：温室跨度L与长度M的乘积。

2. 日光温室建筑设计原则

（1）温室方位

日光温室要尽量减少后墙遮阴。一般应坐北朝南，但对高纬度（40°以北）和晨雾大、气温低的地区，冬季日光温室不能日出即揭帘受光，这样，方位可适当偏西。偏离角应根据当地纬度和揭帘时间确定，一般不宜大于10°。温室方位的确定尚应考虑当地冬季主导风向，避免强风吹袭前屋面。

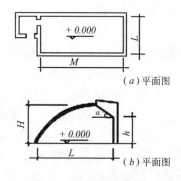

图 2-11　日光温室几何尺寸定义图

（2）温室间距

间距的确定应以前栋不影响后栋采光为前提。丘陵地区可采用阶梯式建造；平原地区，也应使冬至日上午10时阳光能照射到温室的前沿；即使土地资源非常宝贵的地区，也应保证冬至日中午阳光能照射到温室前的防寒沟。

（3）温室总体尺寸

主要指剖面尺寸。一般根据温室的跨度和高度，组成标准温室，后墙高度和后坡仰角应根据操作空间要求和当地气候条件确定。有关温室总体尺寸的确定将在后面加以介绍。为了便于操作，温室长度不宜大于100m，温室面积以小于667m^2（1亩）为宜。

2.1.3.7　温室附属构造与设计要求

（1）温室周围或一侧应设置防寒沟，深度一般应为0.5m，宽度宜0.3~0.5m，内填保温材料。保温材料热阻应接近或达到后墙热阻，并应保持干燥、防水防潮。防寒沟可设在温室内、外，但以室内效果更佳。

（2）冬季以北风或偏北风为主导风向的地区，温室北侧应设风障。

（3）为了方便操作，温室前屋面骨架在距温室前沿0.5m水平距离处的高度不应低于0.7m,宜为0.7~0.8m。

（4）为适应目前草苫的规格和便于压膜线固膜,温室骨架间距应在0.6~1.2m之间,以0.75~1.0m为宜。

（5）山墙上应设置上人台阶,高于2m的山墙和后墙应设安全防护栏,栏高不低于0.9m。

2.1.3.8 塑膜覆盖日光温室结构与设计

1. 塑膜对直射光线透过率特性

塑膜对不同投射角投射光的透过率如图2-12所示。由图2-12可知,塑膜光线透过率与直射阳光的投射角不呈单调的线性关系。当投射角在0°~40°之间时,直射光的透过率变化不大,能保证透过率大于80%,只有投射角大于45°时,透过率才明显减小；大于60°时,急剧减小；故直射光线对棚面的投射角在40°以内时,即能获得较好的光线透过效果。

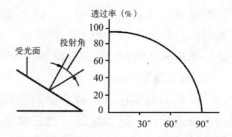

图2-12 薄膜对不同投射角直射光的透过率

2. 日光温室断面形状

日光温室断面尺寸如图2-13所示。日光温室跨度L、后墙高h、后坡仰角α、高度H、南屋面角度α_0是决定日光温室结构的主要参数。

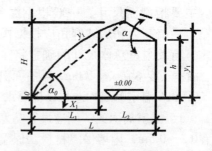

图2-13 日光温室断面尺寸图

3. 南屋面角度α_0

研究表明,采光总量的多寡与采光屋面形状无关,而是由透明屋面最高点到其前棚着地点处的直线与水平地面夹角α_0来决定。

由于不同地区接收的太阳辐射能不同,经理论推导,在北纬

33°~43°地区南屋面角度 α_0 优化值如表2-1所示。

屋面角度 α_0 优化值　　　　　表2-1

φ（纬度）	30°	34°	35°	36°	37°	38°	39°	40°	41°	42°	43°
α_0	23.5°	24.0°	25.0°	26.0°	27.0°	28.0°	29.0°	29.5°	30°	31°	32°

4. 棚面形状

虽然棚面形状与采光量多寡无关，但从棚面牢固性出发，棚面摔打现象与棚面弧度有关。棚面摔打现象是由棚内外空气气压不等造成的。当棚外风速大时，空气压强（静压）减小，棚内产生举力，棚膜向外鼓起；但在风速变化的瞬间，由于压膜线的拉力，棚膜又返回棚架，如此反复，棚膜就不断摔打。

根据理论分析可知，对于跨度为5.5m和6.0m的温室，棚面曲线的合理轴线设计公式为：

$$Y_i = [H/(L_1+0.25)^2] \times (X_i+0.25) \times [2(L_1+0.25) - (X_i+0.25)] \quad (2\text{-}6)$$

式中，Y_i 为棚面对应于 X_i 的弧线点高；X_i 为距温室南端的水平距离；L_1 为日光温室棚膜在水平方向上的投影宽度。

对跨度为6.5m和7.0m的温室，用下述公式计算：

$$Y_i = [H/(L_1+0.30)^2] \times (X_i+0.30) \times [2(L_1+0.30) - (X_i+0.30)] \quad (2\text{-}7)$$

如以北纬 $\varphi = 41°$ 为例，日光温室跨度 $L = 7$m、后墙高度 $h = 2$m、优化 $\alpha_0 = 30°$，如选取 $\alpha = 35°$，则经弧线公式计算，其结果如表2-2所示。

按以上方法即可设计出光效高、棚面摔打轻而又方便操作的优化日光温室。

$\varphi = 41°$，跨度7m、后墙高2m的日光温室弧线点高（m）　　表2-2

X_i	0.5	1.0	2.0	3.0	4.0	5.0	5.43 (L_1)
Y_i	0.85	1.29	2.02	2.57	2.93	3.10	3.12 (H)

5. 温室的高度与跨度

温室的高度与跨度是密切相关的。目前"模式"中的温室设计普遍是高度矮、跨度大,这是因为人们希望温室内可播种面积越大越好。它带来的弊端有许多人已认识到了,而在实际做的时候绝大多数人又把它忽视了。根据理论分析及实际经验,推荐温室的跨度与高度如表2-3所示。

温室的高度与跨度的关系　　　　　　　　表2-3

跨度(m)	温室高度(m)		
5.5	2.4	2.8	
6.0	2.6	2.8	3.0
6.5	2.6	2.8	3.0
7.0	2.6	2.8	3.0

6. 温室后墙与山墙的建造

日光温室后墙高度一般为1.8~2.2m,不宜低于1.6m以上。后墙要距房屋3~4m以外,沿着温室延长方向划线。后墙、山墙按建筑材料可分为泥垛和砖石两种。无论是用泥还是用砖,基础最好是用砖或石头砌0.5m高,这样可有效地抗雨淋水泡,延长温室的使用寿命。墙体若用砖砌,规格以内层砖墙24cm、中间保温夹层12cm、外层砖墙厚12cm为宜,保温夹层可填充珍珠岩、炉灰渣等,如图2-14所示。若用泥垛,要用扬脚泥垛,底宽1m、顶宽0.8m。后墙可培土,以便增强保温效果。

7. 后坡及拱架

后坡与水平面夹角称后坡仰角($α_0$),一般为35°~45°,不宜小于30°。坡长以1.7m左右为好。温室骨架可采用钢管骨

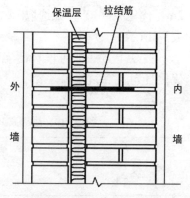

图2-14　砖砌异质复合墙体

架、氧化镁骨架及竹木结构骨架。对于竹木结构骨架，拱架采用直径3~4cm的竹竿或4~5cm宽的厚竹片制成，竹竿长5m，竹片长6m，间隔0.8m左右。悬梁选8cm粗、3.5m长的硬杂木。悬梁与每个拱架之间安装约15cm长的吊柱，把拱架支起固定，这种结构称为悬梁吊柱。设两排前柱，每3.3m远一根，支在悬梁上。中柱支撑在后坡前部，应选用粗10cm以上、长2.5m以上的硬杂木，每隔3.3m一根，与前柱在一个平面上。后坡第一层是硬杂木搭在中柱与后墙上，称柁木，数量同中柱，用材粗12cm、长大于2m（比后坡长度长0.4m左右）。柁木上边有4道粗10cm、长度不小于3.5m的檩木，檩子上勒箔可用玉米秸、秫秸等。箔上边抹两遍扬脚泥，抹第二遍时铺一层废旧塑料。扬脚泥上放一层莛，再抹泥或培土，还可铺整捆玉米秸、稻草等，后坡总厚度达0.6m以上。

8. 棚膜的选用

东北地区应用的棚膜主要有聚氯乙烯膜（占4/5）、聚乙烯膜（占1/5）。聚氯乙烯膜几乎全是无滴膜。

2.1.3.9 日光温室的热工设计

日光温室的保温与采光占有同样的地位，是日光温室成败的关键因素。目前对日光温室的传热机理研究尚不成熟，各地建造日光温室的用材也很不规范。为此，参照有关资料，给出了我国日光温室围护结构的低限热阻，如表2-4所示。

围护结构热阻按$R=\delta/\lambda$计算。其中，R为热阻（$m^2 \cdot ℃/W$）；δ为材料层厚度（m）；λ为材料导热系数（$W/(m \cdot ℃)$）。对于多层复

日光温室围护结构低限热阻　　　表2-4

室外设计温度（℃）	低限热阻 R（$m^2 \cdot ℃/W$）	
	后墙、山墙	后屋面
-4	1.1	1.4
-12	1.4	1.4
-21	1.4	2.1
-26	2.1	2.8
-32	2.8	3.5

合结构，其总热阻为各层热阻之和。

表2-5给出了日光温室常用材料的导热系数，可供设计参考。

表2-6为我国北方主要城市日光温室设计冬季室外参考温度。

常用材料导热系数 λ（W/(m·℃)）　　　　表2-5

名称	砖	草苫	夯实土	珍珠岩	聚苯乙烯	稻壳	炉渣	混凝土	水泥砂浆	加草黏土
密度(kg/m³)	1800	100	2000	50~160	20~50	150	800	2500	1800	1600
λ	0.81	0.086	1.16	0.019~0.047	0.0407	0.093	0.29	1.74	0.93	0.76

日光温室设计冬季室外参考温度　　　　表2-6

城市	吉林	哈尔滨	沈阳	锦州	乌鲁木齐	兰州	银川	西安	呼和浩特	太原
温度(℃)	-29	-29	-21	-17	-26	-13	-18	-8	-21	-14
城市	北京	石家庄	天津	济南	连云港	青岛	徐州	郑州	洛阳	
温度(℃)	-12	-12	-11	-10	-7	-9	-8	-7	-8	

2.1.3.10 日光温室地下热交换土壤蓄热系统

温室的设计要求充分利用太阳能。温室中，在晚秋、早春或冬季，有时白天室内气温超过栽培适温度，为了不使室内气温过高，一般采用白天向室外放气的方法来排除室内的多余热量以降低室温。这一放热方式在某种程度上造成了热量损失，而采用地下热交换土壤蓄热系统，把白天多余的热量通过埋设在温室地下的管道循环贮存在土壤中，在夜间再作为热源向室内放热，这种把土壤作为蓄、放热源的方法即可减少热量损失。

1. 地下热交换土壤蓄热系统的工作原理

日光温室地下热交换土壤蓄热系统工作原理就是利用风机把

太阳辐射产生的棚内热空气,通过地下管道送入地下,在热空气通过地下时,由于土壤温度低,就在地下产生热量的交换,土壤吸收一部分热空气中的热量,土壤温度提高,这样便起到了贮存热量的作用。气温与地下土壤温度差越大则吸收的热量就越多,当气温与土壤温度相等时,就不会产生热交换,就不能起到贮存热量的作用。图2-15是地下热交换土壤蓄热系统工作原理示意图。

如图2-15所示,在风机作用下,白天棚内热空气从风机口进入地下,空气在地下降温后,从另一端出口流出冷空气,称之为贮热过程。晚间则相反,土壤中的热空气从图2-15中右侧出口流入温室内,而温室内冷空气通过风机进入地下。实际工作中,可以根据温室内气温范围,决定是否开启风机。一般地讲,当温室内气温在10~22℃正常温度范围内时,风机应处于停止状态。

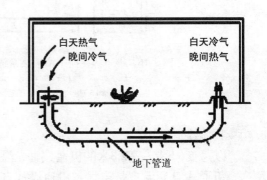

图2-15 地下热交换土壤蓄热系统工作原理图

2. 地下热交换土壤蓄热系统的结构

地下热交换土壤蓄热系统结构由六部分组成:风机、地下热交换管道、出口、贮气槽、地下隔热层及自动控制装置(见图2-16)。地下热交换管道沿温室横向(即东西方向)铺设,距东墙内侧0.3m处砌有贮气槽,贮气槽两侧接近底部均匀开孔与地下热交换管道相通,贮气槽上部开口盖以木板,中间开孔放置风机。

3. 地下热交换土壤蓄热系统主要参数

主要参数包括管道材料与形状、地下管道长度l、管道埋设深度(即管道中心至地表面距离)h、相邻两管道水平间距b、管道内表面积A_p、贮气槽的尺寸,隔热层埋设深度H和风机选择等。在实际应用中,应根据具体温室条件适当地选择地下热交换土壤蓄热系统的结构参数。

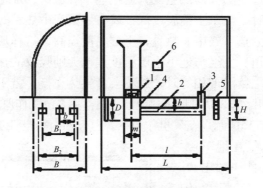

图 2-16　地下热交换土壤蓄热系统结构示意图
1—风机；2—地下热交换管道；3—出口；
4—贮气槽；5—地下隔热层；6—自动控制装置

具体建造方法：

以跨度6.5米，高2.8米的伊通式日光温室为例。

伊通式日光温室是吉林省伊通满族自治县蔬菜办和蔬菜协会的技术人员借鉴各地经验设计的能够实现蔬菜周年生产的竹拱水泥柱土墙日光温室。其突出的特点是：冬暖节能、建造简便、投资小、见效快、效益明显。

（1）建造墙体

伊通式温室的墙体多为土堆或草泥垒成，尤以土堆的居多，应因土质而定。后墙堆好后还应进行处理以减小其内坡度，避免因坡度太大而增大后屋面宽度。墙体用土为温室内下部的40cm部分，建墙体前先把20cm深的有效耕层土移到温室前沿外侧，待建完墙体后再填回室内，墙高1.7～1.8m。温室门应在距离道路较近的山墙上，同时，为防止冷空气直接进入室内，门外要建一缓冲间。

（2）埋设地锚

把20～30kg重的石块埋入地下1m，然后埋入前面预先固定好的备接铁丝，埋好后露出地面的铁丝长度不少于0.5m。一处地锚在东西山墙外1.5m处，各设3个，用于拴固定立柱的钢丝；一处在后墙外和前脚处，东西每隔1.0m设置一个，数量根据温室长度而定，用于拴压膜线。

(3) 建造前屋面

1) 土木钢丝型：建造简单，省工省时，成本低。

①埋设立柱。所有立柱东西间隔距离3m，柱距离后墙1.2m。第一排腰柱距脊柱1.8m，第二排腰柱距第一排腰柱1.6m，前斜柱距第二排腰柱1.2m。四排立柱的规格分别为：脊柱320cm×10cm×10cm、第一排腰柱270cm×10cm×10cm、第二排腰柱200cm×10cm×10cm、前斜柱120cm×8cm×8cm。所有脊柱埋入地下50cm，前柱和腰柱埋入40cm，柱下端垫上基石，以免受压下沉。前柱倾斜后顶端距地面垂直距离70cm，投影距离前沿40cm。

②安放脊檩和钢丝脊檩。用12cm粗、3m长的圆木连接腰柱，用7股钢丝连接前柱。连接时东西山墙的前坡上要放上垫木，防止拉紧钢丝进入墙体，然后把钢丝两端与地锚上的备接线连好，再用紧线器拉紧。

③安装拱杆。拱杆选用3~5cm粗、7m长的竹竿，东西间隔0.5m，分别与脊檩和钢丝连接。连接处要平整，以免磨损薄膜。连接后所有拱杆在同一拱面上。

2) 琴弦式土木结构：比较繁琐，但棚面平坦。

共三排立柱，脊柱和前柱同上，腰柱长（含入土40cm）2.4m。埋好全部立柱后，安装脊檩，然后南北向每间（东西每3m为一间）设置一道拱木（下弦），拱木多用6cm左右细圆木，长度以温室跨度为准。固定好拱木以后，在拱木上东西通长拉上20~24道8号铁丝，使拱架连为一体，最后拉线上再每隔50cm安装拱杆即可。

(4) 建造后坡面

把4~5cm粗、2.5m长的圆木，东西每隔0.5m摆放，上端固定在脊檩上，下端固定在后墙垫木上，然后铺一层旧薄膜盖严压实。

(5) 覆盖薄膜

薄膜性能直接影响室内光量和温度。要选用透光率高、防尘、抗老化、不结露的12道聚乙烯薄膜。膜总宽和总长要比前屋面的宽和温室长多一些，让薄膜包被一部分墙和后屋顶。覆膜要在晴朗无风的中午进行，这样可使薄膜拉紧，覆盖后薄膜以光滑无褶皱为最佳。覆膜时，用7m长竹竿卷上膜的一端，固定在山墙上，另一端用长竹竿卷上拉紧固定。

（6）压线

用10号铁丝或专用压膜线压紧棚膜，两端固定在南北地锚上。

（7）覆盖保温防寒物

1）草帘：规格为长8m、宽1.2m、厚3~5cm。东西摆放，每块草帘间重叠覆盖部分20cm。上草帘时，温室顶部先拉一道铁丝，草帘一端固定在铁丝上，每块草帘用两根拉绳控制。

2）纸被：为弥补草帘保温防寒能力的不足，可在草帘下覆盖4~6层牛皮纸纸被。

（8）挖防寒沟

在温室前沿地锚外挖深、宽各50cm的沟，沟底和四周铺上旧薄膜，内装满乱稻草或玉米秆等。这样能有效阻止室内地温水平外传，可提高前沿地温2~3℃，防止前沿作物受低温伤害。

（9）加温设施及烟道

在冬季进行温室生产和育苗时，必须有辅助加温设备。加温方法有火炉烟道加温和热风炉加温，多以火炉烟道为主。火炉建在进门处，成半地下式，烟道紧贴后墙和地面，从火炉到烟囱呈逐渐上升的缓坡。烟囱留在后屋墙上。

伊通式冬暖节能型日光温室，每延长1m成本约80~100元。在使用前必须通过室内高温闷棚10~15天，或用烟剂熏棚，以杀死虫卵和病菌。

2.1.3.11 甘肃陇南市科技示范园节能日光温室建设方案

节能日光温室属于现代日光温室，是"十五"期间国家工厂化高效农业科技攻关项目的重要成果之一，适合在陇南地区推广应用。根据陇南气候特点，在温室结构、材料、配套设备与环境调控等方面全面进行优化，使温室性能达到可保证园艺作物正常季节集约化和工厂化生产。

节能日光温室（图2-17）由甘肃省农业科学院蔬菜研究所设计，设计过程中充分考虑了西北地区气候特征和环境特点，建成后，其采光保温性能好，温室初始透光率达80%以上，保温能力达30℃以上。温室的后屋面和采光屋面角度可根据不同纬度进行设计，在陇南地区适当增加后屋面长度，经多年研究和应用，取得良好的效果。

图2-17　陇南市农业科技示范园节能日光温室

1. 节能日光温室基本结构

节能日光温室坐北朝南，东西延伸，东西长60m、跨宽8m、脊高3.9m。温室采光屋面角33°，保证温室在冬季有很好的采光能力；温室方位角南偏西5°以内，后屋面仰角36°，保证在冬至前后1个半月阳光能照满后墙，有利于提高温室采光蓄热能力。

2. 温室配套材料及设施的选择

①墙体材料：温室墙体为异质复合墙体（24砖墙+10cm聚苯乙烯泡沫板+24砖墙）。

②骨架材料：选用镀锌轻型钢屋桁架结构。前屋面骨架上弦采用$\Phi25\times2$钢管，下弦采用$\Phi10mm$钢筋，中间拉花弦采用$\Phi8mm$钢筋。后屋面上弦采用$\Phi25\times2.5$钢管，其他部分和前屋面相同。

③后屋面材料：后屋面选用彩钢夹芯板，厚度10cm，热阻为$2.73m^2\cdot℃/W$，后屋面设5道工作梯，方便操作及维修。

④透光覆盖材料：选用多功能长寿膜（防流滴期6个月以上，厚度0.12mm）。

⑤外保温覆盖材料：选用温室复合保温被，具有表面防水防

老化、易操作、保温好的特点。重量1000g/m²，热阻为0.38m²·℃/W。温室复合保温被的保温性能优于草帘，使用寿命为草帘的3倍之多，达7年以上。

⑥固膜材料：选用热镀锌卡槽，温室东西向通长横拉5道，同时配有漆塑卡簧，具有安装方便且不损坏棚膜的优点。

⑦其他配套材料：共设通风口两道，上下各一道，通风口选用手动卷膜器通风，卷膜钢管为6分镀锌钢管，用塑料卡箍固膜。

⑧温室内北面设一条通道，通道宽0.6m。

⑨温室东侧建管理间一座，建筑面积约10.5m²。管理间设2道门，尺寸为0.9m（宽）×2.1m（高）。外门旁开窗一个，尺寸为0.9m（宽）×1.2m（高）。

⑩温室电路及上水：在温室缓冲间内给每栋温室安装一个配电控制箱，用于控制照明、电动卷帘等设备。温室内在后屋面下安装照明电路，间距10m设置一个三防灯。

3. 节能日光温室主要参数指标

（1）温室性能指标

①风载＞0.5kN/m²；

②雪载＞0.3kN/m²；

③恒载＞0.1kN/m²；

④作物荷载＞0.15kN/m²；

⑤屋架自重及固定设备荷载＞0.07kN/m²；

⑥外覆盖物荷载＞0.2kN/m²；

⑦操作人员荷载＞0.8kN/m²；

⑧荷载组合＞2.02kN/m²；

⑨温室主体结构使用寿命15～20年。

（2）结构参数

①跨度：8m（温室内侧跨度）；

②长度：60m；

③墙体厚度：0.6m。

表2-7为该节能型日光温室的工程预算情况。

保温被日光温室工程预算（480m²）　　表2-7

项目		数量	单位	单价（元）	合计（元）
基础	基础挖方	110.4	m³	15	1656.00
	块石基础	66.24	m³	150	9936.00
砖墙体		104.83	m³	350	36690.50
圈梁		6.91	m³	600	4146.00
四周散水		7	m³	300	2100.00
保温板		20	m³	450	9000.00
彩钢板		108.9	m²	90	9801.00
热镀锌骨架		480	m²	50	24000.00
附件材料（螺栓、连接件、密封材料等）		1	批	2000	2000.00
缓冲间		10.5	m²	750	7875.00
温室保温被		540	m²	25	13500.00
电动卷被机构		1	套	6500	6500.00
手动卷膜系统		2	套	1000	2000.00
棚膜		590	m²	3.5	2065.00
卡槽、卡簧		320	m	5.5	1760.00
电路（三防灯、配电箱等）					1500.00
内外墙粉刷		480	m²	8	3840.00
安装费用（元）					3000.00
运输费用（元）					2000.00
小计（元）					143369.50
税金及管理费（元）					10035.86
总造价（元）					153405.36

2.1.4 日光温室蔬菜栽培综合配套技术

由于日光温室越冬茬蔬菜栽培是在严冬季节逆境中完成的，为了克服外界逆境给作物带来的不良影响，在建造好高效节能日光温室的前提下，需要围绕蔬菜的常规栽培技术，采取一系列特定的、与日光温室蔬菜栽培密切相关的配套技术，如增光保温技术、室内环境调控技术、嫁接育苗技术、植株调整技术、促进根系发育技术、二氧化碳施肥技术、地膜覆盖技术和微滴灌技术等。实践证明，科学合理的综合配套技术是获得稳产高产的保证。

2.1.4.1 增光保温技术

高效节能日光温室合理的采光角度和优良的蓄热性能为增光保温奠定了基础，但是，要想达到预期的效果，还必须进行科学的外部覆盖、保温和管理。

1. 采用透光好的多功能大棚膜

实践证明进行越冬茬喜温果菜生产，采用0.10~0.12mmPVC-聚氯乙烯长寿无滴膜，较PE-聚乙烯长寿无滴膜透光、保温性能好，而EVA-乙烯-醋酸乙烯多功能膜较PVC、PE膜透光性表现更佳；因此EVA膜是目前北方日光温室喜温蔬菜生产推广的新一代产品，吉林、河北等地均有生产。但是，无论采用哪一种薄膜，都不同程度的对灰尘有一定的吸附性，要保持薄膜良好的透光性，应在冬季要经常对薄膜表面灰尘进行清理，其方法是清扫或用墩布清洗。

2. 采用多层覆盖保温

日光温室的采光面也是主要的散热面。为了保温，根据天气变化在夜间应采取以下措施：一是覆盖草帘；二是在草帘下面增加一层保温纸被；三是在室内加一层保温幕。在通常生产中采用前两种方式的较多。保温纸被采用防水纸被较好，据试验，加盖保温纸被比对照室温可提高3~4℃。

2.1.4.2 室内环境的调控技术

室内环境调控技术主要包括温湿度、光照、养分和灾害性天气对策的调控等方面。在冬季通常光照较弱，一般采取增光措施，只有遇到连阴后骤晴时才采取适当遮光技术；养分的调控将在各品种栽培技术中叙述。因此，这里只讲述温湿度和灾害天气的调控技术。

1. 温湿度的调控技术

大家知道植物生长发育需要一定温度和湿度。日光温室冬季生产处在外界逆境包围、内部环境封闭的条件下，其温湿度变化规律与外界不同，大体归纳有以下几个特点：

① 室内气温晴天日较差明显比外界大，而阴天日变化则较小，室内外气温虽然在一定程度上显示相似的昼高夜低的变化规律，但并不存在明显的正关系。晴天室温上升快，且中午常出现高于植物生长所需的上限温度，称之为"热溢"；到了夜间则室温下降缓慢，凌晨太阳出来揭帘时达到最低值，当外界出现极端低温或连阴天时，室温最低值有时出现低于植物生长发育所需求的下限温度，称之为"热亏"现象。

② 室温的水平分布为中间高南北两侧低；而室温的垂直分布则为中上部高于下部。

③ 室内土壤温度高于外界的热效应，即 $0\sim25cm$ 耕作层，白天增温，夜晚散热降温。晴天表层温度高，下层温度低；晚上或阴天则下层温度比表层的高。$25cm$ 以下土温则处于相对稳定状态，其水平分布为中部高于温室边缘部位。

④ 室内空气常处在高湿条件下。相对湿度随室温升高而下降；夜间高于白天，阴天高于晴天；在夜间、阴天或灌水之后室温低的条件下室内空气相对湿度常常处于饱和或接近饱和状态。

⑤ 室内土壤湿度不受降水影响，可用灌水来调节。

了解了温室温湿度的特点，可以根据作物生长发育需要及天气变化情况，采取以下调控措施：① 增加保温措施，减少热量外溢；② 张挂铝铂反光幕，调节室内温度均匀分布；③ 通风换气，降温降湿；④ 临时加火补温，防止寒害发生；⑤ 采用地膜覆盖和膜下暗灌、微滴灌技术，调节土壤湿度，减少地面蒸发，降低空气湿度。

2. 灾害性天气的管理技术

灾害性天气是指雪灾、风灾和连续阴天等天气。雪灾、风灾可以通过建造坚固的日光温室和相应的扣膜压膜来避免；而连阴天天气往往给冬季生产带来不同程度危害，如管理不当会出现寒害而死苗。因此，下面重点叙述连阴天的管理技术：

① 中午揭开草帘，让散射光透入温室，使植物尽可能多地争取光照。

② 晚揭、早盖草帘和保温纸被。

③ 减少进出入温室的次数，减少室温的逸出。

④ 夜间采取炉火加温或明火临时补温。

⑤ 当出现连阴后骤晴时，避免强光照，以防止植物因蒸腾脱水而萎蔫死亡。可以在棚膜上放花帘（即间隔放草帘），使植物根系吸收功能恢复后再加大光照和时间。

⑥ 叶面喷营养液，采用营养液喷洒叶面或灌根对越冬茬喜温瓜菜生长及抵御不良天气影响都十分有利。据河北省固安县黄瓜大王魏国俊提供的经验，其配方和使用方法如下：将兑水蔗糖20g加腐殖酸喷洒叶面。

2.1.4.3 促进根系发育技术

由于北方日光温室在喜温瓜菜越冬栽培时，常常遇到连阴天低温寒害，近年来在栽培管理上越来越注重对地下根系的管理。唐山、承德应用了挖定植沟填加酿热物技术。河北省固安县魏国俊采用磷酸50克加赤霉素1克加生根粉0.3g、兑水15kg，喷洒叶面3~4次且每隔10天灌根一次，从冬至到立春共灌4次；其同时研究的蔬菜定植后苗期的"深中浅"中耕技术，为促进根系发育、抗寒耐寒、获得稳产高产提供了宝贵经验。

1. "深中浅"中耕促根技术

当菜苗定植之后，不急于加盖地膜，而采取分三次中耕促根措施。如越冬茬黄瓜栽培，在定植缓苗之后长出2~12片叶这个时间段内中耕三次，第一次为长出2~4片叶时进行深中耕20~25cm，促深层根生长；待黄瓜再长出两片叶之后，即5~6片叶时进行第二次10cm的中耕，培育中层根；待深层根、中层根生长发育好后，叶片长到8~10枚时进行第三次表层上中耕，而后浇大水促花促果。随着气温进入严冬再覆盖地膜，从而促进三层根系发育良好。魏国俊的经验证明，深中浅中耕促根系发育技术，其根系总量高出对照1~1.5倍，越冬茬黄瓜在遇到冬季长达50多天的连阴天时生长没有受到大的影响。

2. 挖定植沟填加酿热物技术

该技术即在温室耕作面上，按蔬菜定植的行距，挖深30cm、宽30~50cm（视定植行距而定）的沟，填入碎秸秆或锯末、圈肥、饼肥或鸡粪，比例为5：3：2，与土混合均匀，做垄或畦浇水塌墒后定植。这种方法虽然较为费工，但对于培肥地力、促根生长发育、抵御不良天气和获取高产优质产品具有十分重要的作用。

2.1.4.4 二氧化碳施肥技术

日光温室气密性强，加之严冬季节为了保温蓄热往往通风系数小、通风时间短，这就会造成室内二氧化碳的缺乏，从而影响植物的光合作用。二氧化碳施肥技术是温室冬鲜菜生产中重要的配套措施之一，在揭草帘后到通风前，使用二氧化碳施肥技术，一般亩增产20%～30%。其原理是：温室中二氧化碳浓度聚集量最高时在早晨未揭苫前，一般浓度在1400～2500mg/kg；揭苫后，随着作物光合作用的进行，室内的二氧化碳浓度急剧下降；至8～9点时，只有150～200mg/kg，如果通风不及时，还会更低。但即使通风，二氧化碳浓度只能补充到300mg/kg，蔬菜作物仍然处于二氧化碳的饥饿状态。如蔬菜长时间处于这种状态下，将严重影响其正常的生长发育，导致营养物质积累减少、植株生长弱、根系发育差，并加速老化，更严重的是影响了蔬菜的产量和品质、降低了棚室蔬菜的经济效益。此时增施二氧化碳气肥，不仅有利于蔬菜高产，而且可改善品质，促进早熟。目前，河北省已有20多万亩日光温室使用了二氧化碳施肥技术，增产效果十分明显。生产上常见的二氧化碳施肥方法有以下几种：

（1）增施有机肥

在土壤中适量施用有机肥料，不仅可以为作物提供必要的营养物质、改善土壤的理化性质，而且有利于有机物分解释放出大量二氧化碳，这是我国温室增施二氧化碳常用的方法。

（2）化学方法增施二氧化碳

利用碳酸盐与强酸反应来产生二氧化碳气体。具体作法：2kg碳酸氢铵与1.2kg硫酸反应后产生1kg二氧化碳，可使1亩棚室内二氧化碳浓度增加420mg/kg。温室每10m、大棚每7m间隔放一个罐头瓶或非金属器皿，内装适量碳酸氢铵和硫酸，悬挂在距地1.2m处。早上揭苫后放风前，一次性施放。目前，为了方便农民使用，现已研制出二氧化碳发生器，价格合理、使用安全。

（3）施固体二氧化碳气肥

使用方法：每平方米一粒，埋深5cm。棚室内达到18℃以上产气量最大，一个月埋施一次。一般每亩棚室一茬作物施用量30kg，增产可达到20%以上。这种方法安全简单、省工、无污染，是目前较好的方法。

（4）物理方法增施二氧化碳

采用干冰、液态二氧化碳释放气体。干冰是固体二氧化碳，便于定量施放，所得二氧化碳气体纯净。但其成本高、不易贮藏和运输，并且贮运和施放液态二氧化碳时必须使用高压钢瓶。使用方法：在棚室顶部拉一根内径6mm、壁厚0.8～1.2mm的塑料管，管上用电钻打放气孔，孔向尽量指棚面，将塑料管一端与钢瓶减压阀出口连接，同时用塑料胶布或金属丝紧固。

在使用二氧化碳施肥技术时应注意的事项有：①施用时期：育苗期使用可在小苗出土后，连续施用20～25天；栽培期可在定植后到开花期连续施用。在停止施用时应提前逐日减少施用浓度，直到停止，防止植株出现早衰。②施用时间：在每天揭苫后半小时开始施用，保持1～3小时，在通风前半小时停施。③施用浓度：温室内二氧化碳浓度一般应掌握在1000～1500mg/kg，阴天浓度要略低些，应在600～1000mg/kg。低温寡照时期停用，避免出现副作用。④农艺措施要相与之配套：施用二氧化碳期间植株生长快，应控制好温度，防止徒长。白天室温提高2～3℃，夜间降低1～2℃；适当提高空气湿度和地温，以利于增强光合作用；增施磷钾肥。

2.1.4.5 低压管道灌溉和滴灌技术

日光温室中传统大水漫灌不仅浪费水资源、降低地温、影响作物根系的生长，同时还增加了室内空气湿度，在通风不及时或不易通风的条件下，易导致多种病害的发生和蔓延。低压管道灌溉和滴灌技术的应用，大大改善了室内气候环境，是保障深冬蔬菜生产获得高产、稳产的主要配套技术措施之一，一般可使蔬菜增产15%～30%。其优点主要表现在：一是降低空气湿度，减少了病害的发生和蔓延；二是减小室内地温变幅，有利于蔬菜根系的生长；三是节约30%～40%的用水量；四是可降低对土壤结构的破坏；五是节省1/3劳力。目前，渗灌技术是世界上最为先进的灌溉技术，但由于成本高，目前使用较少，下面将低压管道灌溉和滴灌技术作以简要介绍：

1. 低压管道灌溉技术

低压管道灌溉技术是近年来在露地和温室迅速发展起来的一种节水、节能型的新式灌溉技术，在河北省固安县日光温室应用较多。它是利用低耗能机泵或由水位落差所提供的自然压力水头，通过支管输入扎孔软管来代替滴灌管进行灌溉的一种方法。这种方法具有四省（省水、省电、省地、省工）、一低（亩投资低）、一少（年运行费用少）、一强（适应性强）、两快（输水快、浇地快）和三方便（操作应用方便、作业方便、维修养护方便）的特点。

低压管道的布置和安装：采用高压聚乙烯管或聚氯乙烯管，内径有25~100mm不同规格，在管的内侧依据作物株行距进行机械扎孔，孔径0.5~0.7mm。在温室中一般采取南北行种植，支管布置在温室的北侧，滴水软带一般是依作物栽培行呈南北布置，滴水软管带与支管采用异径三通或旁通连接。孔口向上，铺设好后，用塑料薄膜盖在上面，用支架将薄膜支起，从而使喷出的水滴均匀顺薄膜下滴到土壤中。

2. 滴灌

滴灌是通过安装在毛管上的滴头将水一滴一滴、均匀又缓慢滴入作物根区附近土壤中的灌溉形式。

（1）滴灌系统的组成

滴灌系统由水源、首部枢纽、输水管道系统和滴头四部分组成。首部枢纽包括水泵、动力机、化肥施加器、滤器、各种控制量测设备，其担负着整个系统的驱动、检测和调控任务，是控制中心。滴灌输水管道系统由干管、支管和毛管三级管道组成；干、支管一般采用直径为20~100mm的黑色高压聚乙烯或聚氯乙烯管，埋入20~30cm土中；毛管多采用内径为10~15mm管道，可以置于地表或埋入地表下以防止管道老化、延长使用寿命。滴头是滴灌系统的重要设备，因此，要求滴头具有适度、均匀而稳定的流量和防止堵塞性能。目前，我国滴头有管式滴头、孔口式滴头、插接式滴头、螺帽式滴头、分流式滴头与发丝式滴头等十余种。

（2）布置和安装

滴灌系统在布置时，首先要根据作物种类，合理选择滴灌系统类型及布置各级管道，使整个系统长度最短、控制面积最大、水头损失最小、投资最低。温室等设施中一般采用移动式安装，干支管是固定的，毛管可以移动。干、支、毛管三级管道相互垂直，毛管与作物种植方向一致。

（3）注意事项

①为防止滴孔、滴头堵塞，除安装过滤器外，要进行定期清理。施肥时要去除杂质，溶解好。

②压力适中，避免软管破裂。

③在施足有机肥的基础上，使用复合肥，以免出现营养元素的比例失调。

④注意保管好软管和塑料管材，防止管道漏水或堵塞。

2.2 塑料大棚

塑料大棚俗称冷棚，也称春秋棚。是一种简易实用的保护地栽培设施。其利用竹木、钢材等为材料并覆盖塑料薄膜，搭成拱形棚，供栽培蔬菜，能够防御自然灾害、提早或延迟供应、提高单位面积产量。由于塑料大棚建造容易、使用方便、投资较少，随着塑料工业的发展，被世界各国普遍采用。在我国北方地区，其能在早春和晚秋等蔬菜供应淡季提供鲜嫩蔬菜。

单个塑料大棚一般覆盖的面积为1～3亩，管理方便，同时也可进行多个棚大面积的覆盖。由于棚体高大不便用草帘进行防寒，因而在棚内用多层薄膜进行内防寒，棚内的温度主要来自太阳辐射。塑料大棚主要生产季节是春、夏、秋。冬季气温在-15℃以上的地区可种植一些耐寒性强的作物，或用火炉进行临时性补充加温。在我国北方旱区，由于春寒、冻土层深、风雪大等自然原因，多采用跨度、高度较大的拱形圆棚。

第 2 章 低碳蔬菜生产设施

图 2-18　智能塑料大棚

2.2.1　塑料大棚发展概况

随着高分子聚合物——聚氯乙烯、聚乙烯的产生，塑料薄膜广泛应用于农业。日本及欧美国家于20世纪50年代初期应用薄膜覆盖温床获得成功，随后又覆盖小棚及温室也获得良好效果。我国于1955年秋引进聚氯乙烯农用薄膜，首先在北京用于小棚覆盖蔬菜，获得了早熟增产的效果。1957年由北京向天津、沈阳等东北地区、太原等地推广使用，受到各地的欢迎。1958年我国已能自行生产农用聚乙烯薄膜，因而小棚覆盖的蔬菜生产已很广泛。至20世纪60年代中期，小棚已定形为拱形，高1m左右、宽1.5～2.0m，故称为小拱棚。由于棚型矮小不适于在东北等冷凉地区应用，1966年长春市郊区首先把小拱棚改建成2m高的方形棚，但因抗雪的能力差而倒塌，后经多次的改建试用，终于创造了高2m左右、宽15m、占地为1亩的拱形大棚，并于1970年向北方各地推广。1975年、1976年及1978年我国连续召开了三次"全国塑料大棚蔬菜生产科研协作会"，对大棚生产的发展起了推动作用。1976年太原市郊区建造了29种不同规格的大棚，为大棚的棚型结构、建造规模提供了丰富的经验。1978年大棚生产已推广到南方各地，全国大棚面积已达10万亩。到2009年全国大棚面积已基本稳定在67万公顷。世界各国为发展农业生产先后建成塑料大棚，日本在20世纪70年代末单个塑料大棚的面积最大达10～20公顷。西班牙的阿尔梅里利地区全部土地面积为315平方千米，且为旱区，为了发展蔬菜生产而覆盖了120平方千米的大棚，是世界最大的大棚。

大棚覆盖的材料为塑料薄膜，其重量轻、透光保温性能好、可塑性强，价格低廉，适于大面积覆盖。又由于塑料大棚使用的骨架材料轻便、容易建造和造型、可就地取材、建筑投资较少、经济效益较高，并能防寒保温、抗旱、抗涝，提早或延后栽培、延长作物的生长期，达到使作物早熟、晚熟、增产稳产的目的，深受生产者的欢迎；因此，在我国北方旱区发展很快。

大棚原是蔬菜生产的专用设备，随着生产的发展，大棚的应用越加广泛。当前大棚已用于盆花及切花栽培；葡萄、草莓、西瓜、甜瓜、桃及柑橘等水果生产；林木育苗、观赏树木等林业生产；蚕、鸡、牛、猪、鱼及鱼苗等的养殖。大棚的应用范围正在逐步扩大，尤其在高寒地区、沙荒及干旱地区为抗御低温干旱及风沙危害起着重大作用。未来塑料大棚会向智能大棚发展。

2.2.2 塑料大棚的类型与建造

我国塑料大棚类型较多，其分类形式可有以下几种：

①按棚顶形式可分为拱圆型棚和屋脊型棚两种。拱圆型大棚对建造材料要求较低，具有较强的抗风和承载能力，屋脊型大棚则相反。

②按其覆盖形式可分为单栋大棚和连栋大棚两种。单栋大棚是以竹木、钢材、混凝土构件及薄壁钢管等材料焊接组装而成，棚向以南北延长者居多；其特点是采光性好，但保温性较差。连栋大棚是用两栋或两栋以上单栋大棚连接而成，优点是棚体大、保温性能好，缺点是通风性能较差、两栋的连接处易漏水。

③按棚架结构可分为竹木结构大棚、简易钢结构大棚、装配式镀锌钢管大棚、无柱钢架大棚、有柱式大棚等。

下面针对竹木结构大棚、简易钢结构大棚和装配式镀锌钢管大棚及其建造进行详细的介绍。

1. 竹木结构大棚

这种结构的大棚，各地区不尽相同，但其主要参数和棚形基本一致。大棚的跨度6~12m，长度30~60m，肩高1~1.5m，脊高

第2章 低碳蔬菜生产设施

1.8~2.5m。按棚宽（跨度）方向每2m设一立柱，立柱粗6~8cm，顶端形成拱形，地下埋深50cm，垫砖或绑横木，夯实；将竹片（竿）固定在立柱顶端成拱形，两端加横木埋入地下并夯实。拱架间距1m，并用纵拉杆连接，形成整体；拱架上覆盖薄膜，拉紧后膜的端头埋在四周的土里；拱架间用压膜线或8号铅丝、竹竿等压紧薄膜。竹木结构塑料大棚的优点是取材方便，造价较低，建造容易；缺点是棚内柱子多，遮光率高，作业不方便，寿命短，抗风雪荷载性能差。

竹木结构塑料大棚的结构组成如图2-19所示，其建造方法以面积667m^2、跨度10~12m、长50~60m、中高2~2.5m的竹木结构拱圆大棚为例介绍如下：

建棚时间以栽培时间为准，如果用于秋季延迟栽培，则应在早霜来临前进行；如果用于春早熟栽培，则应在入冬前进行。入冬前深耕土地，晒土。

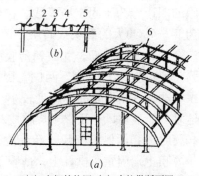

(a) 大棚结构图 (b) 中柱纵断面图
1—立柱；2—小支柱；3—塑料薄膜；
4—压杆；5—拉杆；6—拱杆

图2-19 竹木结构大棚结构示意图

定好大棚的方位后，按规格用白灰画出棚的4个边线，标出立柱位置，然后挖坑。先在大棚南北边线上按设计要求各挖出6根立柱坑，再用6条白灰线连接南北线上垂直对应的立柱坑，沿线从南向北推移，每3m一排立柱。立柱坑深40cm、宽30cm，下垫砖或基石后埋立柱，并夯实。要求东西向各排立柱顶部高度一致，南北向立柱在一直线上，顶端连线为拱形。

埋好立柱后固定拉杆。固定拉杆时，先将竹竿用火烤直、去掉毛刺，从大棚一头南北向排好，竹竿大头朝一个方向，然后固定在立柱顶端向下20~30cm处。拉杆接头要用铁丝缠牢，全部拉杆要与地面平行。拉杆安装好后，在其上按距离要求用铁丝将小支柱（拉杆上支撑塑料薄膜的支柱）下端与拉杆固定牢，使小支柱不能摇动或偏斜。

拱杆直接与塑料薄膜接触、摩擦，因此要求拱杆通直而且光滑。故用前要挑选、烤直、修整毛刺。一般选用6~7m长的鸭蛋竹，每条拱杆用2根，在小头处连接，固定在立柱或小支柱顶部，弯成弧形，大头插入土中。如果拱杆长度不够，可在棚两侧接上细毛竹弯成圆拱形插入地下。拱杆接头处均应用废塑料薄膜包好，防止磨坏塑料薄膜。

扎好骨架后，在大棚四周挖一个20cm宽的小沟，用于压埋薄膜的四边。为了固定压膜线，在埋薄膜沟的外侧埋设地锚。地锚为30~40cm大的石块或砖块，埋入地下30~40cm，上用8号铁丝做个套，露出地面。扣塑料薄膜应在早春无风天气进行，大棚薄膜一般焊接成3~4块。两侧盖围裙用的薄膜幅宽2~3m。中间的塑料薄膜在棚面较高、跨度较小、放顶风困难时，可焊成1整块，这时只能放肩风；反之可焊接成2块，除了放肩风，还可放顶风。扣膜时先扣两侧下部膜，两头拉紧后，中间每隔一段距离用铁丝将薄膜上端固定在拱杆上，薄膜下端埋入土中30cm。顶膜盖在棚膜上部，压在棚膜上重叠25cm，以便排除雨水。在顶部相接的薄膜也应重叠25cm。南北两端包住棚头，埋入地下30cm。棚膜要求绷紧。

压杆是防风的主要措施。压杆一般选用3~4cm粗的竹竿，用铁丝绑在地锚上，在两道拱杆中间把薄膜压上后，用铁丝穿过薄膜紧紧绑在拉杆上。有的地方不用压杆，而是用8号铅丝代替压杆，铅丝两端拉紧后固定在地锚上。薄膜压好后，棚面呈波浪形。

为了供人出入和通风换气的需要，应在大棚上做门、天窗和边窗。棚门在南北两头各设一个，高1.5~2m、宽80cm左右。北侧的门最好做成三道，最里边是坚固的木门，中间吊一个草苫子，外面是薄膜门窗，这样有利于严寒时调节保温。为了便于放风，可在大棚正中间每隔6~7m开一个$1m^2$的天窗，或在大棚两边开边窗。天窗与边窗均在薄膜上挖洞，另外粘合上一片较大的塑料薄膜片，通风时掀开，闭风时固定在支架上。

建造$667m^2$竹木结构大棚需要长6~7m、直径4~5cm的竹竿

120~130根、直径5~6cm粗、长6~7m的竹竿或木制拉杆60根，2.4m长的中柱38根、2.1m长的腰柱38根、1.7m长的边柱38根，8号铅丝50~60kg，塑料薄膜120~140kg。

2. 简易钢结构大棚

这种钢结构大棚，拱架是用钢筋、钢管或两种结合焊接而成的平面拱架（图2-20），上弦用16mm钢筋或6分管、下弦用12mm钢筋、纵拉杆用9~12mm钢筋。其跨度8~12m，脊高2.6~3m，长30~60m，拱眨1~1.2m。纵向各拱架间用拉杆或斜交式拉杆连接固定形成整体。拱架上覆盖薄膜，拉紧后用压膜线或8号铅丝压膜，

图 2-20　钢结构大棚

两端固定在地锚上。这种结构的大棚，骨架坚固、无中柱、棚内空间大、透光性好、作业方便，是比较好的设施。但这种骨架是涂刷油漆防锈，1~2年需涂刷一次，比较麻烦，如果维护得好，使用寿命可达6~7年。

3. 装配式镀锌钢管大棚

这种结构的大棚骨架，其拱杆、纵向拉杆、端头立柱均为薄壁钢管，并用专用卡具连接形成整体，所有杆件和卡具均采用热镀锌防锈处理，是工厂化生产的工业产品，已形成20多种系列。这种大棚跨度4~12m，肩高1~1.8m，脊高2.5~3.2m，长度20~60m，拱架间距0.5~1m，纵向用纵拉杆（管）连接固定成整体；可用卷膜机卷膜通风、保温幕保温、遮阳幕遮阳和降温。装配式镀锌钢管大棚优点为其是组装式结构、建造方便并可拆卸迁移，棚内空间大、遮光少、作业方便、有利作物生长，构件抗腐蚀、整体强度高、承受风雪能力强、使用寿命可达15年以上，是目前最先进的大棚结构形式。虽然一次性投资太大，但从长远来看，是我国大棚发展利用的方向。目前还有一种利用复合材料代

替镀锌钢管做成的装配式大棚,被称为复合材料大棚,其较轻巧、价格较低,但使用年限较短。

塑料大棚的建造有单栋、连栋等多种形式。其中单栋塑料大棚又分拱圆形和屋脊形两种,高度2.2~2.6m、宽度(跨度)10~15m、长度为45~66m,占地面积为660m^{2}左右,便于管理、有利于生产。连栋塑料大棚由屋脊形大棚相连接而成,单栋的跨度为4~12m,每栋占地面积约为1亩,连栋后占地为2~5亩或10亩、几十亩。连栋大棚的覆盖面积大、土地利用充分、棚内温度高、温度稳定、缓冲力强;但因通风不好,往往造成棚内高温、高湿危害,或形成病害发生的条件,而且管理不便。因此连栋的数目不宜过多,跨度不宜太大。

2.2.3 塑料大棚的覆盖材料

大棚覆盖材料有以下几种:

①普通膜:以聚乙烯或聚氯乙烯为原料,膜厚0.1mm,无色透明。使用寿命约为半年。

聚乙烯(PE)无臭,无毒,手感似蜡;具有优良的耐低温性能(最低使用温度可达 $-70 \sim -100$℃);化学稳定性好,能耐大多数酸碱的侵蚀(不耐具有氧化性质的酸);常温下不溶于一般溶剂,吸水性小,由于其为线性分子可缓慢溶于某些有机溶剂且不发生溶胀,电绝缘性能优良。但聚乙烯对于环境应力(化学与机械作用)是很敏感的,耐热老化性差。聚乙烯的性质因品种而异,主要取决于分子结构和密度。

聚氯乙烯(PVC)无固定熔点,80~85℃开始软化;有较好的机械性能,抗张强度约为60MPa,冲击强度5~10kJ/m^2;有优异的介电性能。但聚氯乙烯对光和热的稳定性差,在100℃以上或经长时间阳光曝晒,就会分解产生氯化氢,并进一步自动催化分解,引起变色,同时物理机械性能也迅速下降。在实际生产中必须加入稳定剂以提高其对热和光的稳定性。

②多功能长寿膜:是在聚乙烯吹塑过程中加入适量的防老化料和表面活性剂制成。使用寿命比普通膜长一倍,夜间棚温比其他材料高1~2℃。而且膜不易结水滴,覆盖效果好,成本低,效益高。

③草被、草扇：用稻草纺织而成，保温性能好，是夜间保温材料。

④聚乙烯高发泡软片：是白色多气泡的塑料软片，宽1m、厚0.4~0.5cm，质轻能卷起，保温性与草被相近。

⑤无纺布：为一种涤纶长丝、不经织纺的布状物。分黑色和白色两种，并有不同的密度和厚度，除保温外还常作遮阳网用。

⑥遮阳网：又称遮光网，是采用聚乙烯（PE）、高密度聚乙烯（HDPE）、聚丁烯（PB）、聚氯乙烯（PVC）等为原材料，经紫外线稳定剂及防氧化剂处理，具有抗拉力强、耐老化、耐腐蚀、耐辐射、轻便等特点。常用的有黑色和银灰色两种，并有数种密度规格，每一个密区为25mm，编8根、10根、12根、14根和16根，产品规格见表2-8，不同密度下遮光率各有不同。遮阳网的宽度规格有90cm、150cm、160cm、200cm、220cm、250cm。使用中常以12和14两种规格为主，宽度以160~250cm为宜，每平方米质量45g和49g，使用寿命为3~5年。遮阳网主要用于夏天遮阳、防雨，起到保湿、降温的作用；冬、春季覆盖后还有一定的保温、增湿作用。

遮阳网规格分类及遮光率　　　　　表2-8

规格	遮光率（%）	
	黑色网	银灰色网
SIW8	20~30	20~25
SIW10	25~45	25~40
SIW12	35~55	35~45
SIW14	45~65	40~55
SIW16	55~75	50~70

2.2.4 塑料大棚的搭建地点

建造大棚投资很大且建成后不能轻易移动，因此要慎重选择建棚地点。大棚应建在避风向阳，地垫平坦，北高南低，排灌方便、地下水位低，有电力条件，土质肥沃，通风、透光良好，没有土壤传染性病害的地方。具体要求如下：

①地段要开阔：除北面可以有高地、建筑物及树木等借以遮挡冷风外，东、西、南三个方向不应有高大遮阳物体，以确保大棚内有充足的光照。

②要选择地势高燥、地下水位低的地段：这样可以确保土壤通气良好及春季地温快速回升。如果将大棚建在低洼地方，棚内湿度大，蔬菜生长不良。

③土壤要肥沃，保肥、保水能力强：最好选用耕层松软而富含腐殖质的砂质壤土。这种土壤吸热力强，透水性好，适于根系生长。所选土壤最好3～5年内未种瓜类、茄果类蔬菜，以减少病虫害发生。

④要有水量充足、水质良好的灌溉水源：大棚内需水较多，经常要灌溉，因此，灌溉用水的水源要充足，水质要良好，主要是水中含盐量、含钙不能太高。

⑤距电源线、居民点及公路要较近：这样可以方便产品及生产资料的运输且省工，一旦遇到灾害性天气，可迅速组织人力维护和抢救。

2.2.5 塑料薄膜的维护

扣膜时要尽量避免对棚膜的机械损伤，特别是竹架大棚，在扣膜前应先把架表面突出的部分削平或用旧布包扎好。用弹簧固定时，在卡槽处应加垫一层旧报纸。另外要注意避免新旧薄膜长期接触，以免加速新膜的老化。在通风换气时要小心操作。薄膜使用过程中，难免有破孔，要及时用粘合剂或胶带粘补。

2.2.6 塑料大棚的性能特点

2.2.6.1 温度条件

塑料大棚内的温度随着外界气温的升高而升高、下降而下降，并存在着明显的季节变化和较大的昼夜温差，越是低温期大棚内的昼夜温差越大。一般在冬季，大棚内晴天日增温可达3～6℃，夜间最低温度可比露地高1～3℃，阴天时几乎与露地相同；春暖时节棚内和露地的温差逐渐加大，增温可达6～15℃，最高可达20℃以上；因此大棚内存在着高温及冰冻危害，需进行人工调整。在高温季节棚内可产生50℃以上的高温，需进行全棚通风，并在棚外覆盖草帘或搭成"凉棚"，这样棚内温度可比露地低1～2℃。因此棚内的温度条件决定了塑料大棚的主要生产季节为春、夏、秋季。通过保温及通风降温可使棚温保持在15～30℃的生长适温。

塑料大棚内的气温变化随外界日温及季节气温变化而变化的规律如下：

冬末初春随着露地温度回升，大棚内气温也逐渐升高，到3月中下旬棚内平均气温可以达到10℃左右，最高气温可达15～38℃，比露地高2.5～15℃；最低气温0～3℃，比露地高1～2℃。4月下旬，棚内平均温度在15℃以上，最高可达40℃左右，内外温差达6～20℃。5～6月棚内温度可高达50℃，如不及时通风，棚内极易产生高温危害。7～8月外界气温最高，棚内随时会发生高温危害，因此不能全棚覆盖，要昼夜通风和全量通风。通风后棚内温度与露地相比没有显著差异。9月中旬到10月中旬温度逐渐下降，但棚内气温白天仍可达到30℃，夜间10～18℃。10月下旬到11月上中旬棚内最高温度在20℃左右，夜温降至3～8℃。11月中下旬棚内温度逐渐降到0℃，以后大棚内长期呈现霜冻，只能种植耐寒性的绿叶蔬菜。12月下旬到1月下旬，棚内气温最低，旬平均气温多在0℃以下，蔬菜停止生长进行越冬。2月上旬至3月中下旬棚内气温逐渐回升，尤其2月下旬以后，棚温回升日趋显著，旬平均气温可达10℃以上。

塑料棚内气温的昼夜变化比外界剧烈。大棚内昼夜温差依天气状况而异，在晴天或多云天气，日出前最低温度的出现迟于露地，且持续时间短；日出后1～2小时气温即迅速升高，上午7～10点升温最快，在不通风的情况下平均每小时上升5～8℃；日最高温度出现在12～13点；下午2～3点以后棚温开始下降，平均每小时下降3～5℃左右；日落到黎明前棚内温度大约每小时降低1℃左右，黎明前达到最低。夜间棚温变化情况和外界基本一致，通常比露地高3～6℃。棚内昼夜温差，11月下旬至2月中旬多在

10℃以上，很少超过15℃。3~9月昼夜温差常在20℃左右，甚至达30℃。阴天棚内气温日变化较晴天平稳。由于白天热容量少，低温季节会出现霜害。在阴天有风夜晚，有时会发生"棚温逆转"，棚内温度低于露地的状况应引起注意。

此外，大棚内的气温无论是在水平分布上还是在垂直分布上都不均匀，并与天气状况、棚体大小有关。在水平分布，南北朝向大棚的中部气温较高，东西近棚边处较低。在垂直分布上，白天近棚顶处温度最高、中部和下部较低，夜间则相反；晴天上部和下部温差大，阴雨天则小；中午棚内上部和下部温差大，清晨和夜间则小；冬季气温低时上部和下部温差大，春季气温高时则小。大棚棚体越大，空气容量也越大，棚内温度比较均匀，且变化幅度较小，但棚温升高不易；棚体小时则相反。

熟悉并掌握大棚气温变化的特点及规律，对科学管理棚温有现实意义。综上所述，大棚的气温特点是：

①外界气温越高棚内增温值越大，外界气温低则棚内的增温值有限。

②季节温差明显，昼夜温差较大。

③晴天温差大于阴天。

④阴天棚内增温缓慢，增温效果不显著，但同时降温也慢，棚内日温变化较平稳。

⑤白天棚内上部温度高，下部温度低；夜间下部温度高，上部温度低。

2.2.6.2 光照条件

大棚内的光照条件因季节、天气状况、棚形结构、大棚方位及规模、覆盖方式、薄膜种类及使用新旧程度等情况的不同而产生很大差异。大棚越高大，棚内垂直方向的辐射照度差异越大，棚内上层及地面的辐照度相差达20%~30%。在冬、春季节，东西延长大棚的光照条件比南北延长的大棚好，其局部光照条件所差无几；但东西延长的大棚南北两侧辐照度可差达10%~20%。不同棚型结构对棚内受光的影响很大，双层薄膜覆盖虽然保温性能较好，但受光量比单层薄膜覆盖的棚减少一半左右。此外，连栋大棚及采用不同的建棚材料等对受光也产生很大的影响，从表2-9中可看出，以单栋钢材及硬塑结构的大棚受光较好，只比露地减少透光率28%，而连栋棚受光条件较差；因此建棚采用的材料在能承受一定的荷载时，应尽量选用轻型材料并简化结构，既不能影响受光，又要耐用坚固。

不同棚型结构的受光量　　　　　表2-9

大棚类型	透光量（万 lx）	透光率（%）
单栋钢材结构	7.67	72.0
单栋竹木结构	6.65	62.5
单栋硬塑结构	7.65	71.9
连栋钢筋水泥	5.99	56.3
露地对照	10.64	100

新的塑料薄膜透光率可达80%~90%，但在使用期间由于灰尘污染、吸附水滴、薄膜老化等原因，其透光率会逐渐减少。新薄膜使用两天后，灰尘污染可使透光率降低14.5%，10天后会降低25%，半月后降低28%以下。一般情况下，因尘染可使透光率降低10%~20%，严重污染时，棚内受光量只有7%，薄膜达到不能使用的程度。一般薄膜又易吸附水蒸气而在薄膜上凝聚成水滴，使薄膜的透光率减少10%~30%。因此，防止薄膜污染、防止凝聚水滴十分重要。再者薄膜在使用期间，由于受高温、低温、太阳光和紫外线的影响，薄膜易"老化"，老化后透光率降低20%~40%，甚至失去使用价值。综上所述，大棚覆盖的薄膜应选用耐温、防老化、除尘、无滴的长寿膜，以增强棚内受光、增温、延长使用期。

2.2.6.3 湿度条件

薄膜的气密性较强，因此在覆盖后棚内土壤水分蒸发和作物蒸腾易造成棚内空气高湿，如不进行通风，棚内空气相对湿度会很高。当棚温升高时，棚内相对空气湿度降低；反之棚温降低空气相对湿度升高。晴朗有风天时，棚内空气相对温度低，阴、雨（雾）天时空气相对温度增高。在不通风的情况下，棚内白天空气相对湿度可达60%～80%，夜间经常在90%左右，最高达100%。棚内适宜的空气相对湿度依作物种类不同而异，一般白天要求维持在50%～60%，夜间在80%～90%。为了减轻病害的危害，夜间的棚内空气相对湿度宜控制在80%左右。当棚内空气相对湿度达到饱和时，提高棚温可以降低湿度，如温度在5℃时，气温每提高1℃，空气相对湿度约降低5%；当温度在10℃时，气温每提高1℃，湿度则降低3%～4%。在不增加棚内空气中的水汽含量的情况下，棚温在15℃时，空气相对湿度约为7%；提高到20℃时，空气相对湿度约为50%。由于棚内空气湿度大、土壤蒸发量小，因此在冬春寒季要减少灌水量，但是，大棚内温度升高或温度过高时需要通风，又会造成湿度下降，加速作物的蒸腾，致使植物体内缺水、蒸腾速度下降或生理失调；因此，棚内必须按作物的要求保持适宜的湿度。

2.2.6.4 栽培季节与条件

塑料大棚的栽培以春、夏、秋季为主。冬季最低气温为 -15～-17℃的地区，可用于耐寒作物在棚内防寒越冬。高寒地区、干旱地区可提早用大棚进行栽培。北方地区多于冬季在温室中育苗，以便早春将幼苗提早定植于大棚内，进行早熟栽培。夏播、秋播进行延后栽培，可1年种植两茬。由于春播提前，秋播延后而使大棚的栽培期延长两个月之久。东北、内蒙古一些冷冻地区于春季将黄瓜苗定植于大棚中，秋后拉秧，全年种植一茬，黄瓜的亩产量比露地提高2～4倍。黑龙江省用大棚种植西瓜获得成功。西北及内蒙古边疆的风沙、干旱地区利用大棚达到全年生产，于冬季在大棚内种植耐寒性蔬菜，开创了大棚冬季种植的先例。为了提高大棚的利用率，实现春季提早栽培、秋季延后栽培，往往采取在棚内临时加温、加设二层幕防寒、大棚内筑阳畦、加设小拱棚或中棚、覆盖地膜、大棚周边围盖稻草帘等防寒保温措施，以便延长生长期、增加种植茬次、增加产量。

2.2.6.5 空气湿度的调控

1. 大棚空气湿度的变化规律

由于塑料膜封闭性强，棚内空气与外界空气交换受到阻碍，土壤蒸发和叶面蒸腾的水气难以散发，导致了棚内湿度大。白天，大棚在通风情况下，棚内空气相对湿度为70%~80%。阴雨天或灌水后可达90%以上。棚内空气相对湿度随着温度的升高而降低，夜间常为100%。棚内湿空气遇冷后凝结成水膜或水滴附着于薄膜内表面或植株上。

2. 空气湿度的调控

大棚内空气湿度过大，不仅直接影响蔬菜的光合作用和对矿质营养的吸收，而且还易导致病菌孢子的发芽和侵染。因此，要及时对大棚进行通风换气，促进棚内高湿空气与外界低湿空气相交换，以有效地降低棚内的相对湿度。棚内地热线加温，也可降低相对湿度。此外，采用滴灌技术并结合地膜覆盖栽培，可减少土壤水分蒸发、大幅度降低棚内空气相对湿度（约可降低20%左右）。

2.2.6.6 棚内空气成分

由于薄膜覆盖，棚内空气流动和交换受到限制，在蔬菜植株高大、枝叶茂盛的情况下，棚内空气中的二氧化碳浓度变化很剧烈。早上日出之前由于作物呼吸和土壤释放，棚内二氧化碳浓度（330mg/kg左右）比棚外高2~3倍；8~9时以后，随着叶片光合作用的增强，可降至100mg/kg以下。因此，日出后就要酌情进行通风换气，及时补充棚内二氧化碳。另外，可进行人工二氧化碳施肥，浓度为800~1000mg/kg，在日出后至通风换气前使用。人工施用二氧化碳，在冬春季光照弱、温度低的情况下，增产效果十分显著。在低温季节，大棚经常密闭保温，很容易积累有毒气体，如氨气、二氧化氮、二氧化硫、乙烯等，这些有毒气体很容易对植物造成危害。当大棚内氨气达5mg/kg时，植株叶片先端会产生水浸状斑点，继而变黑枯死；当二氧化氮达2.5~3mg/kg时，叶片发生不规则的绿白色斑点，严重时除叶脉外，全叶都被漂白。氨气和二氧化氮的产生，主要是由于氮肥使用不当所致。一氧化碳和二氧化硫产生，主要是用煤火加温时燃烧不完全，或煤的质量差造成的。由于薄膜老化（塑料化）可释放出乙烯，引起植株早衰，所以过量使用能释放乙烯的产品也是原因之一。为了防止棚内有害气体的积累，不能使用新鲜厩肥作基肥，也不能用尚未腐熟的粪肥作追肥；严禁使用碳酸铵作追肥，用尿素或硫酸铵作追肥时要掺水浇施或穴施后及时覆土；肥料用量要适当，不能施用过量；低温季节也要适当通风，以便排除有害气体。另外，用煤质量要好，要充分燃烧，把燃后的废气排出棚外。有条件的要用热风或热水管加温。

2.2.6.7 土壤湿度和盐分

大棚土壤湿度分布不均匀。靠近棚架两侧的土壤，由于棚外水分渗透较多，加上棚膜上水滴的流淌湿度较大。棚中部则比较干燥。春季大棚种植的黄瓜、茄子特别是地膜栽培的，常因土壤水分不足而严重影响质量。最好能铺设软管滴灌带，根据实际需要随时施放肥水，这是一项有效的增产措施。由于大棚长期覆盖，缺少雨水淋洗，盐分随地下水由下向上移动，容易引起耕作层土壤盐分过量积累，造成盐渍化；因此，要注意适当深耕，施用有机肥，避免长期施用含氯离子或硫酸根离子的肥料。追肥宜淡，最好进行测土施肥。每年要有一定时间不盖膜，或在夏天只盖遮阳网进行遮阳栽培，使土壤得到雨水的溶淋。土壤盐渍化严重时，可采用淹水压盐，效果很好。另外，采用无土栽培技术是防止土壤盐渍化的一项根本措施。

2.2.7 大棚蔬菜周年茬口安排

大棚如果只进行春季茄果类的早熟栽培，一年只利用4～5个月，利用率及效益不高。但如果在秋冬季和夏季也利用大棚进行栽培、育苗及留种，可提高生产效益。

(1) 育苗—栽培型

其特点是冬季育苗→春季早熟栽培→夏季育苗→秋冬季栽培。冬季育苗一般在11月至翌年的3月中下旬，培育茄果类、瓜类和豆类秧苗。3月中下旬定植，进行春季早熟栽培。夏季6～8月份培育秧苗，如甘蓝、花椰菜、番茄等。秋冬季栽培秋番茄、黄瓜、叶菜、芹菜、葱、蒜等。

(2) 栽培型

以栽培蔬菜为主，结合育苗。主要有两种形式：一是春季早熟栽培茄子、番茄、黄瓜、辣椒等，夏季种植速生蔬菜，秋季栽培黄瓜、番茄、甘蓝、花椰菜，冬季栽培芹菜、菠菜、生菜、葱蒜类蔬菜；二是间作套种，春季进行番茄、辣椒早熟栽培，4~5月份在大棚拱杆旁种植丝瓜任其沿拱杆爬蔓，或在番茄生长后期，在畦边定植冬瓜，利用番茄的支架爬蔓；秋季种植生菜、菜心等；冬季进行育苗。

(3) 留种制种型

主要有两种方式：一是以春季茄瓜类留制种为主，其茬口方式为冬季育苗→春季制留种→秋季栽培芹菜、甘蓝等；另一种是以冬春季十字花科自交不亲和采留种为主，夏季进行育苗，秋季栽培茄瓜类蔬菜。

2.2.8 大棚栽培蔬菜的几种形式

2.2.8.1 春季夏菜早熟栽培

茄瓜类蔬菜早熟栽培在大棚栽培应用中最普遍。露地栽培茄瓜类蔬菜一般在3月下旬至4月中旬定植，5月上旬至7月收获；大棚栽培可提前在1~3月定植，3月下旬至7月收获；大棚栽培蔬菜上市早、产量高，开花结果期延长，经济效益明显。另外还可根据市场需要，提早播种苋菜、木耳菜、空心菜等喜温绿叶蔬菜，提早上市。春季夏菜大棚早熟栽培方法如下：

1．品种（组合）选择

番茄早熟品种选用早丰、日本大红×矮红；中熟种选用浙杂5号、苏抗4号、5号等。甜辣椒选用熟性早、抗病、丰产而且适销对路的优良品种，辣椒：鸡爪×吉林F1、早丰1号，甜椒：加配3号。茄子选用闽茄1号、屏东长茄。黄瓜选用津春2号、3号等。

2．定植

定植前10天进行扣膜盖棚。每亩施入厩肥或腐熟垃圾肥3000kg、人粪尿2000kg、复合肥50kg，开沟深施或全园撒施，翻入土中。番茄一个大棚整4条畦，畦宽1.5m，采用双行定植，行距75cm、株距20~30cm，每亩种植2500~3000株。辣椒亩植

3000株。茄子株距40~50cm，每亩栽2000~2400株。黄瓜亩栽植2000~2400株。

3．田间管理

（1）温度管理

定植后一周内不通风，以保温为主，特别是茄子和黄瓜，应适当保持较高的温度，以利缓苗。缓苗后还要保持较高温度，番茄苗期生长适温白天20~25℃，夜间10~15℃；茄子生长适温为20~30℃，气温低于15℃时会引起授粉、授精不良；甜（辣）椒生长适温为25~28℃；黄瓜为28~30℃，夜间温度不能低于10℃，5月中、下旬气温逐渐上升，可逐渐拆除裙膜，苗期揭膜通风换气时间在9时~10时，下午15时~16时后要关门盖膜。

（2）肥水管理

定植缓苗后，提苗肥以稀薄人粪尿或牲畜肥。番茄于第一穗果膨大期，施复合肥10kg/亩；第2~3穗果开始膨大期，施复合肥30kg/亩；第4~5穗果开始膨大期，施复合肥20kg/亩。甜（辣）椒提苗肥施后，在整个生长期间应保持田间湿润，不过干、不积水，薄肥勤施；一般每采收两次追施复合肥一次，用量10kg/亩，盛果期增加施肥量至20kg/亩。茄子、黄瓜的追肥与辣椒相似。

（3）搭架整枝

番茄、黄瓜要插竹扶持植株及引蔓上架，以利结果。番茄要用双杆整枝法，第一花穗以上第一个侧芽留住，以下腋芽及分枝全部摘除。茄子第一朵花、果以下第一分枝留下，其他全部摘除。甜（辣）椒开花结果很有规律，在生长、开花结果过旺，植株生长势弱的情况下，把上部花果摘除，以利于下层花果正常生长。

（4）保花保果

春季气温低，番茄的第一、第二穗花需用激素保花保果，以提高前期产量，生产中常用防落素40mg/kg点花梗；茄子在开花前1~2天（喇叭形）点花或者用防落素15mg/kg喷洒；辣椒也可以用防落素喷洒。保花保果处理应在气温15℃以下进行，高于15℃以上，光照充足则不要处理。浓度要严格控制，不要过高，以免产生副作用。

2.2.8.2 夏菜秋冬延后栽培

夏菜秋冬延后栽培一般采收期在10～12月，如果通过贮藏保鲜，蔬菜的供产可延长到春节，则大大提高了经济效益。

栽培季节与品种：

①番茄，7月上旬播种，苗龄30天，8月下旬至9月定植，10～12月收获。品种选用浙杂7号、早丰。②黄瓜：7月底到8月中旬直播，9月至11月收获。品种选津研4号、津春4号、秋黄瓜1号，夏丰等。③秋番茄，9月中旬以前开的花，常因夜温过高而落花，而10月后开的花，又因温度低而不易坐果；因此，秋番茄整个花期均需使用10～15mg/kg的防落素喷花，或用40mg/kg防落素涂花梗，以防落花落果。

2.2.8.3 叶菜类栽培

大棚除了瓜茄等高杆蔬菜外，还可栽培经济价值较高的叶菜类，如木耳菜、空心菜、西芹、生菜等。利用大棚对叶菜类蔬菜进行春提前、秋延后以及越冬栽培，以达到避免冻害、促进生长、提高产量、延长供应以及反季节上市的目的，经济效益好。喜温耐热叶用菜，如木耳菜、空心菜等，大棚栽培可在9～10月播种，后期实行保温覆盖以提前上市，加上常规栽培，基本上达到周年供应。生菜等喜冷凉但较不耐霜冻的蔬菜，露地最适播种8月下旬至9月上旬及春季3～4月，大棚栽培可在11月到翌年3月播种，产量高、效益好。

2.2.8.4 夏季遮阳防雨育苗栽培

南方地区6月下旬至8月上旬，强光高温且有雷阵雨及台风暴雨，严重影响蔬菜生产与早秋菜育苗，近年来遮阳网、无纺布的应用，增强了大棚在夏季育苗和栽培上所发挥的作用。

1. 大棚遮阳覆盖的作用

（1）遮光作用

遮阳网可显著降低棚内光照强度，其密度规格越大，遮阳效果越好。同样规格的遮阳网黑色比银灰色遮阳效果好，一般黑色的遮光率为42%～65%，银灰色为30%～42%。

(2) 降温作用

棚内温度因遮阳网覆盖有所下降，特别是地表和土壤耕作层降温幅度最大。上午10时~下午2时，大棚上部温度高达37~40℃，而地表植株周围温度在22~26℃，土壤温度在18~22℃之间，适宜作物生长。

(3) 保墒防暴雨

覆盖遮阳网后棚内蒸发减少，土壤含水量比露地高，表土湿润且土壤不易板结，空隙度大，通气性好。由于遮阳网有一定的机械强度且较密，能把暴雨分解成细雨，避免菜叶被暴雨打伤，在大棚塑料膜外包盖遮阳网，效果更好。

2. 遮阳覆盖栽培注意事项

①根据蔬菜种类选择遮阳网的规格：通常夏秋绿叶菜类栽培期短，覆盖时可选用黑色遮阳网；秋冬蔬菜夏季育苗宜选用银灰色遮阳网，且可避蚜；茄果类留种或延后栽培，最好网膜并用。

②覆盖时期：一般为7~8月，其他时间光照强度适宜蔬菜生长，如无大暴雨则不必遮盖。

③遮光管理：遮阳网不能长期盖在棚架上，特别是黑色遮阳网，最好上午10~11时盖，下午4~5时揭网。揭网前3~4天，要逐渐缩短盖网时间，使秧苗、植株逐渐适应露地环境。

2.2.8.5 大棚无土栽培蔬菜

无土栽培生菜，一年可栽培8~9茬，基本可达到周年生产，年亩产量1万千克，生长期随温度由高向低，一般在20~40天左右。番茄无土栽培一年可栽春、夏二季，年亩产量可达1万千克。黄瓜可以周年进行无土栽培，经济效益甚好。

2.2.9 大棚栽培的常见问题和解决办法

2.2.9.1 大棚栽培的生理障碍及其矫治措施

1. 高温生理障碍

主要表现影响花芽分化，如黄瓜在高温长日照下雄花增多，雌花分化减少；番茄、辣椒花芽分化时遇高温，花变小，发育不良。

①日烧。主要症状为初期叶片褪色,后变为乳白状,最后变黄枯死。

②落花落果,出现畸形果。高温,尤其是夜间高温不但延迟番茄第一花序的雌花分化,而且还会影响雄蕊的正常生理机能,使雄蕊不能正常授粉,引起落花落果。

③影响正常色素形成。果实成熟期高温危害表现在着色不良。番茄成熟时,温度超过30℃,茄红素形成慢;超过35℃,茄红素难以形成,果实出现黄、红等几种颜色相间的杂色果。

防治措施:主要是加强通风,使叶面温度下降;或可覆盖遮阳网,也可以用冷水喷雾,降低棚温。

2. 有毒气体生理障碍

氨气中毒:当氨气在空气中达到0.1%~0.8%浓度时,就会危害蔬菜,如果晴天气温高,氨气挥发浓度大,1~2小时即可导致黄瓜植株死亡。

防治措施:有机肥要充分熟腐后施用,化肥要量少勤施。

2.2.9.2 黄瓜、番茄典型生理障碍症状及矫正措施

1.黄瓜蔓徒长,花打顶,生长点附近节间缩短,形成雌雄杂合的花簇,瓜苗顶端不生成心叶而呈现抱头花;黄化叶和急性萎蔫症。

发生原因:偏施氮肥、早春低温、昼夜温差大、阳光不足、根系活动差,育苗时土壤养分不足。

防治措施:适时移栽,前期加盖小拱棚提高温度。加强通风换气,正确施肥,管好水分、温度和光照。

2. 黄瓜、番茄畸形果

发生原因:①番茄开花期营养过剩,氮磷肥过多,特别是冬季或早春,在花芽分化前后,当遇到几天6~8℃的低温就会出现畸形果。②用浓度过高的激素处理,或处理期间温度偏低、光照不足、空气干燥。③植株营养条件极差,本来要掉落的花经激素处理,抑制了离层,但得到的光合产物少从而形成了粒形果、尖形果和酸浆果。

防治措施:

①加强苗期保温措施,提倡应用地热线快速育苗;在花芽

分化期严格控制温度，适当降低夜温，减少养分消耗，白天保持20～25℃、夜间保持10～15℃；利用温室后内墙贴反光膜增强光照强度，协调秧果矛盾，适时适量通风；根据不同品种的生理习性采用不同的温度管理；开花期要避免35℃以上的高温，否则会影响受精，胎座不能正常发育，从而形成空洞果。

②苗期避免施过量氮肥，适量增施磷肥和钾肥。在育苗时床土的配制一般是园土和圈肥比例6∶4，然后在每立方米的土中加鸡粪20kg、氮磷钾复合肥1kg。分苗后到定植20～25天内，要注意控制苗的生长势，防止徒长苗的发生。

③适时定植，不要在地温和气温偏低时定植，注意防止土壤过干过湿。生长期合理浇水，避免枝叶过于繁茂，应使植株生殖生长与营养生长相协调，平衡发展。

④合理使用生长调节剂，开花期采用振动授粉促花受精后，再用15～20mg/kg的防落素处理花，并及时进行水肥管理，疏花疏果。同时注意叶面喷肥，每亩用磷酸二氢钾150g、尿素300g，对水50kg喷洒叶片，每隔10天一次，连喷3～4次。

2.2.9.3 病虫害的防治

大棚大部分时间种植蔬菜，特别是冬季，给病虫害的越冬繁衍提供了适宜的生态条件，使蔬菜病虫害及生理障碍日趋严重，因此，病虫害的防治是大棚栽培蔬菜成功的关键。除了针对不同栽培品种和栽培时期及时防治病虫害外，还应不定期用百菌清对大棚进行熏蒸，消灭病菌。地下害虫可用呋喃丹防治。

2.2.10 甘肃陇南市拱型塑料大棚设计

根据全区定位及指导思想，设计塑料大棚生产区。可搭建塑料大棚跨度为8m。客户可自行选择果树生产、蔬菜生产（主要生长期定位于茄果类蔬菜的生产，早春和晚秋叶菜、大白菜和花椰菜等耐低温蔬菜的生产）。

大棚设计原则有4个方面：

①坚持科学性、超前性与实用性相结合，合理选择温室配套设备及种植方式，实现高投入、高产出的经济效益。②坚持从实际出发，合理确定设计标准，对生产工艺、主要设备和主体工

程应做到先进、适用、可靠。利用高科技手段实现温室设备的运行，达到控制温室环境的目的。③坚持提高土地资源利用率，坚持节能、节水、高效的原则，设计侧重于温室结构的合理性、种植方式的科学性、灌溉技术的先进性。④坚持因地制宜，设计应结合当地气候条件和园艺栽培要求。

大棚设计特点为：①采用无柱式热镀锌钢管装配骨架，轻巧坚固、防腐防锈；②高脊结构，便于内部操作，空间利用率高；③计算机优化采光曲线，采光好、升温快。

图2-21为甘肃省陇南市设计的无柱式热镀锌钢管骨架大棚的外观。

图 2-21　无柱式热镀锌钢管骨架大棚

2.2.10.1　规格尺寸

东西长：25m，南北宽：8m，肩高：1.2m，顶高：2.8m，拱间距：1m，面积：200m^2。

2.2.10.2　主体骨架

大棚骨架为轻钢结构，采用国产优质钢材。骨架采用Φ25mm热镀锌圆钢，肩高1.2m、脊高2.8m；除大棚骨架外其余装配骨架和拉杆均采用镀锌钢管，有利于保护棚膜，拉杆包括3道Φ25mm镀锌钢管、1道Φ22mm镀锌钢管。在正常使用和维护条件下，大棚骨架使用寿命为10～20年。建成后大棚风载>0.3kN/m^2、雪载0.1kN/m^2、恒载>0.04kN/m^2、作物荷载>0.15kN/m^2、荷载组合>2.02kN/m^2，保温能力达3℃以上。

2.2.10.3 覆盖材料

塑料温室覆盖薄膜采用0.12mm厚的PVC棚膜,同时采用卡槽、卡簧等专用固定件固定密封,使温室具有较好的气密性。

2.2.10.4 其他配件

(1) 棚膜卡

采用高强度合成材料制成,结构简单、强度高、坚固耐用、卡紧力大而均匀,具有良好的抗压性;使用时不会造成棚膜的损坏。

(2) 压膜线

采用高强度压膜线,抗拉性好、抗老化能力强、对棚膜的压力均匀,能起到保护棚膜的作用,同时也是保温被连接的必备材料。

(3) 手动卷膜器

具有限位功能,可根据需要调整开窗大小。

2.2.10.5 成本概算

塑料大棚规格:长25m×宽8m,单栋,拱杆间距1m。成本如表2-10所示。

陇南市拱型塑料大棚成本概算　　　　表2-10

序号	部件名称	规格	单位	单价（元）	数量	金额（元）
1	拱杆	Φ25×1.5	件	55.00	52	2860.00
2	拱杆连接件	Φ20×1.5	件	1.00	43	43.00
3	顶直管A	Φ25×1.5	m	9.00	75	675.00
4	端竖杆	Φ25×1.5	件	25.00	12	300.00
5	卡槽、卡簧	0.7	m	5.00	148	740.00
6	拱杆脊梁连接卡	弹簧卡	件	1.00	72	72.00
7	端头卡与连接卡	Φ25	件	1.00	20	20.00
8	侧卷膜器		套	150.00	2	300.00
9	卷膜管		m	9.00	51	459.00
10	薄膜卡		个	1.00	105	105.00

续表

序号	部件名称	规格	单位	单价（元）	数量	金额（元）
11	压膜线		m	0.30	150	45.00
12	门	2m×1m	套	90.00	2	180.00
13	门下滑 2	2m	套	25.00	2	50.00
14	门上滑 1 吊杆		套	30.00	2	60.00
15	门上滑 2	2m	套	25.00	2	50.00
16	门滑轮		套	15.00	4	60.00
17	自钻螺钉 B	M5×19	颗	0.15	160	24.00
18	薄膜		m	2.50	418	1045.00
19	其他配件		套	100	1	100.00
20	运输费					200.00
21	税金					243.80
22	小计					7631.80

注：以上概算不包括安装、基础土建费用。

2.3 地膜覆盖

地膜覆盖是用很薄的塑料薄膜紧贴地面进行的覆盖栽培。它是世界现代农业生产中最简单有效的增产措施之一，目前在一些国家中被广泛应用。我国于1978年从日本引入这项技术，并普遍推广应用。地膜覆盖栽培在蔬菜生产上应用于两个方面，一是保护地覆盖栽培；二是露地覆盖栽培。有的地区先把地膜直接盖在苗上或者弓形骨架上，待天气稍暖、苗稍大后，再破膜掏苗，把膜盖在地上。这样不仅能节省开支，还能保护幼苗免受霜冻。

塑料薄膜地面覆盖可以克服早春地温低和干旱的不利气候条件，种子发芽出土明显早于未覆盖地膜的栽培。地膜覆盖后地温提高，蔬菜苗期缩短，生长发育快；定植后缓苗期短，苗期生长快；开花早、结果早，成熟期提前，始收期一般提早5～13天。在覆盖栽培条件下，植株地上部生长速度快，发育健壮，地下部也表现出同样的趋势。

2.3.1 地膜种类及主要性能

用于地面覆盖的塑料薄膜有很多种，由于栽培目的不同，应选用的种类也不同。较常见的地膜可分为无色透明膜和有色膜两大类，无色透明膜除普通无色透明膜外，还有有孔膜、切膜、杀草膜等；有色膜常见的有黑色膜、银灰色膜、乳白膜、黑白双面膜、绿色膜等。

普通无色透明膜：这种膜没有加任何其他成分，未进行其他处理，因此价格便宜，是目前使用最广泛的一种。

有孔膜及切口膜：有孔膜是指根据播种或定植株行距的要求，在普通无色透明膜上打出直径为3.5～4.5cm的孔，作为播种或定植蔬菜用。切口膜是指在播种带的部位，将薄膜事先开一个具有一定宽度的梯状切口，幼芽可以从附近任何一个切口伸出薄膜之外，它专门用于直播栽培。

杀草膜：杀草膜主要利用含有除草剂的树脂经过吹塑工艺加工制成。在用杀草膜覆盖地面时，草长出土壤后碰到薄膜被除草剂杀死，或者除草剂从膜中析出，溶解在薄膜下的水滴中，水滴滴落在畦面上起杀草作用。但目前蔬菜使用的杀草膜专用性强，针对某种特定蔬菜的杀草膜对其他蔬菜往往有不良的影响，因此，使用时应依作物选择适宜类型。

黑色膜：此种膜透光率极低，防草效果好，还可减少土壤水分蒸发。

银灰色膜：这种膜透光率低，可降低土壤温度，对杂草有抑制作用。因其反光性较强，对提高植株光合作用强度也有一定效果。它最大的优点是有避蚜作用，可减轻病毒对蔬菜的危害。

乳白膜：有一定的光透过率，因此可提高土温。其抑制杂草功能比透明膜略强，但不如黑色膜。

黑白双色膜：这种复合膜一面为乳白色，另一面是黑色，它弥补了黑色膜的缺点，覆盖时白色向上黑色向下，可以反射阳光、降低土温及抑制杂草的生长。

绿色膜：绿色膜能透过一定光线，可提高土温，主要用来抑制杂草生长。

2.3.2 地膜覆盖与环境条件

1. 地膜覆盖与土壤温度

地膜覆盖后太阳光仍能透过薄膜使地面获得辐射热，地温升高。同时，在空气流动及土壤热辐射时，由于薄膜覆盖，使热损失减少或减慢。因此，在夜间，覆盖地膜的土壤温度略高于露地的地温。据研究，地膜覆盖使土壤地面日平均增温值达6.2℃，在一天当中以14时的增温值最高；5cm、15cm、20cm深的各层土壤增温值依次下降，20cm深的土壤仅增温1.8℃，这说明耕作层土壤温度比较稳定，有利于作物根系的发育。此外，天气状况对地温影响大，阴天20cm深处地温仅提高0.1℃。

2. 地膜覆盖与土壤水分

土壤耕作层水分的来源主要是雨水、灌溉水的下渗以及深层土壤水分通过毛细管作用上升到表层，而土壤水分的散失途径有三种：作物蒸腾、通过地面水分蒸发和向深层土壤渗透。覆盖薄膜后，薄膜切断了土壤水分与近地层水分交换的通道，这时土壤蒸发水汽遇冷凝结后，只能积于膜下，并不断落入土内，再渗入下层土壤中，如此不断地循环，水分始终保留在薄膜与土壤中，散失很少，因此覆盖薄膜的土壤比不覆盖的水分要多些。地膜除在干旱地区有保墒作用外，在雨季及多雨地区还有短期防止雨涝的作用。

3. 地膜覆盖与土壤盐渍化

地膜覆盖可以防止土壤无机盐分的淋溶，保持土壤肥力，减少土壤盐渍化现象。而且由于其水分散失不多，还能抑制地下盐碱的上升，从而达到保苗增产的效果。但覆盖栽培仅是起着抑制土壤耕作层盐分上升的作用，不能减少土壤盐分，故对盐碱土仍需综合治理。

4. 地膜覆盖与土壤养分

地膜覆盖有利于减少或防止肥料的淋溶，部分淋溶肥料可随同土壤毛细管一起上升到土壤表层,一部分淋溶肥料随着薄膜凝聚水又返回土壤;同时地膜覆盖还有利于土壤有机质分解并有利于作物吸收。这就使覆盖栽培畦比露地土壤养分含量高。据研究,覆盖30天和65天后,覆盖畦养分分别增加了1.56倍和2.3倍,速效磷分别增加了20.1%和37.5%,钾的含量没有变化,但有机质减少0.3%和20.4%,酸碱度无变化。

5. 地膜覆盖与土壤物理性状

地膜覆盖栽培主要采用畦沟灌水向覆盖畦渗透,这样即可避免雨水冲刷及直接灌水造成的土壤板结。据研究,地膜覆盖栽培的土壤物理性状比未覆盖栽培的土壤物理性状优良很多,如土壤容重下降、土壤孔隙度增加,而土壤疏松有利于根系生长及吸收功能的加强。

2.4 可控温室

也称连栋温室,此类温室也有许多分类,按覆盖材料,一般有阳光板、玻璃、塑料薄膜等类型的温室;按形状,一般有尖顶型(文络式)温室、圆拱形温室等。

可控温室一般要有控温设施设备,用于夏季降温的有外遮阳、湿帘风扇、微喷等降温措施,用于冬季保温的有内遮阳保温、补温设施(水暖、电热风机、燃煤风机、燃油风机等)。

以上设施控制一般采用配电柜电动控制。目前国内在自动控制方面有两种方式,一种为计算机程序自动控制,通过传感器采集数据,利用计算机程序自动运行以上设施、设备,达到温室自动运行的目的(即智能温室);另一种为信号控制,通过信号传感处理设备,利用遥控器或手机短信控制以上设施、设备的运行。

2.4.1 连栋特色保温型温室设计方案

图2-22所示温室为全双热镀锌钢管装配式特色四连栋PC板日光温室,东西走向、南北排跨。温室东西长48.0m,南北宽35.0m,拱高顶点4.3m,后墙高3.5m,室内立柱高2.7m。

连栋特色保温型温室的特点为:①镀锌钢管装配骨架,轻巧

第2章 低碳蔬菜生产设施

坚固，装拆方便；②计算机优化采光曲线，采光好，升温快；③四连栋高脊结构，便于果树育苗及内部操作，空间更宽敞；④复合保温被、新型保温后屋面板、复合保温墙体及三层中空PC板联合

图2-22 四连栋温室

使用，加强了保温效果；⑤采用电动卷铺机构，自动化程度高，提高了工作效率；⑥工作间新颖别致、外形美观，适合观光，旅游；⑦充分吸纳了单栋节能日光温室保温节能性好和连栋温室空间开阔、土地利用率高的优点。

2.4.1.1 温室各部件说明

1. 温室主体结构

温室主体采用装配式全双拱骨架结构，钢骨架弧度设计合理，可充分接受四季阳光照射。骨架上弦使用Φ25mm热镀锌圆管，下弦使用Φ8mm热镀锌圆管。同时温室采用复合保温墙体，后墙为砖混中空保温结构，外墙240mm，内墙370mm，两层墙体中间夹100mm厚聚苯保温板，多重保温效果好。

2. 湿帘/风扇降温系统

（1）工作原理

湿帘/风扇降温系统（图2-23）利用水的蒸发降温原理实现降温目的。湿帘、水泵系统及大风量风机均为国产。

降温系统的核心是能让水蒸发的湿帘，其由波纹状的纤维纸粘结而成，由于在原料中添加了特殊化学成分，耐腐蚀、使用寿命长。特制的输水湿帘能确保水均匀地淋湿整个降温湿帘墙。空气穿透湿帘介质时，与湿

图2-23 湿帘/风扇降温系统

润介质表面进行的水气交换将空气的显热转化为汽化潜热,实现对空气的加湿与降温。

湿帘安装在温室的东端,风扇安装在温室的西端。当需要降温时,启动风扇,将温室内的空气强制抽出,造成负压;同时,水泵将水打在对面的湿帘墙上。室外空气被负压吸入室内时,以一定的速度从湿帘的缝隙穿过,导致水分蒸发、降温,然后冷空气流经温室,吸收室内热量后,经风扇排出,从而达到降温目的。

该系统采用铝合金框架,具有外形美观,热变形小等优点。

(2)基本配置

湿帘:高1.5m,长30m;包括铝合金框架。在维护良好的情况下,使用寿命达3～5年。

水泵:1台,水泵电机功率1.1kW/台。

供水装置1套。

风扇:4台,外形尺寸1400mm×1400mm×445mm,每台排风量约40000m^3/h,功耗1.1kW/台。

湿帘内1.7m高手动单层卷膜密封窗。

3.基础及地面工程

①温室四周采用条形基础,开槽深度1200mm、宽1000mm。表土夯实;三七灰土厚200mm、宽1000mm。

②南侧C20混凝土浇筑地锚,结构安装后,正负零上再做500mm高的砖墙裙。

③东、西、北三侧浇筑地台,地台上为砖混结构墙体;砖墙为双层,外墙240mm、内墙370mm,两层墙体中间夹保温材料,每隔4m砌750mm×750mm的垛连接内外两层墙体以增加墙体的坚固性。

④温室北墙正负零以上0.8m处每隔4m留500mm×500mm通风窗口,共计9个单层玻璃平开铝合金窗户(里外双层)。温室南侧开长2.0m、宽1.2m的铝合金窗户4个,同时内部做手动卷膜内保温系统(只在温室南面做)。

⑤在温室由南数第三栋上做一个1.8m×2.0m的铝合金平开门,内置缓冲间,缓冲间尺寸为4m×2m×2m,四周均用阳光板覆盖。

第 2 章 低碳蔬菜生产设施

4. 覆盖材料

温室顶部及南面选用国产优质双层中空聚碳酸酯板为覆盖材料,板厚8mm,外防紫外线、内防滴露。该板透光效果好(透光率85%以上),正常使用寿命10年以上。

5. 保温系统和卷铺机构

该机构采用小功率、大扭矩温室专用电机直接驱动,设有自动摆杆伸缩装置,只需3~4分钟就可实现保温被的整体卷放作业,具有省时、省力、省电,可靠性高、操作方便等优点,可使温室的采光时间每天增加1小时,改善农作物的生长环境。电动化卷铺方式可实现保温被人工看护情况下的自动化整体卷放作业,电机功率为0.75kW,卷铺轴采用Φ12mm的镀锌管。

卷铺机构组成:减速电机、倒顺开关、输出轴、套筒、伸缩轴、地锚、中间传动轴、端部传动轴、卷铺带、保温被卡。

保温被采用高保温新型材料多层复合加工而成,具有质轻、防水、防老化、保温隔热、反射红外线等功能,保温效果好,易于保管收藏,使用寿命可达3年以上。该保温被由防水层、隔热层、保温层和反射层组成,适用于温室、暖棚保温覆盖,是草帘和纸被的最佳替代品。

6. 移动式苗床

在南侧两拱布置苗床进行育苗,北侧两拱不布置苗床。

(1)苗床特点

①苗床支架材料采用焊接角钢;

②可在任意两个苗床之间设置约0.6m的作业通道;

③边框采用普通钢板,经久耐用;

④苗床网采用焊接后表面进行防腐处理;

⑤具有防翻限位装置;

⑥可提高温室土地利用率,苗床覆盖面积可达80%以上;

⑦苗床最大承载:$0.4kN/m^2$;

⑧苗床两端各配1个手轮。

(2)温室内苗床配置

苗床配置情况参见表2-11。

温室内苗床配置 表2-11

苗床规格	单位	数量	备注
2.0m（宽）×17m（长）×0.76m（高）	台	12	6台/栋

7. 顶部开窗

每栋温室在拱杆上部开1000mm×600mm的手动通风窗口3个，四连栋共计12个窗户，这样和南、北面各12个窗户（北面窗规格：500mm×600mm，南面窗户规格：2000mm×1200mm）实现自然通风，使温室内外空气形成对流，达到除湿降温的效果。本系统维护方便，经济实用。

8. 配电系统

（1）设计说明

温室内照明系统按设计规范布设。为用电方便安装防水防溅插座，其位置及型号按需要及规范布置。温室内导线采用防潮型塑料套线，信号线为屏蔽导线。为使温室内美观，布线采用穿管暗敷方式。温室内按需要设接地极，并将接地线引至所需位置。同时为温室内的所有电源线、控制线、传感器信号线等导线及电气安装敷料。

（2）系统说明

整座温室需用电不小于15kW，本系统配备一个综合配电箱，带有自动和手动转换装置，以便于设备的安装及维修。

根据温室要求，系统配电设计为：

① 湿帘风扇电机：1.10kW/台×4台＝4.4kW；

② 水泵：1.10kW/台×1台＝1.1kW；

③ 保温被卷铺电机：0.75kW/台×4台＝3kW；

④ 其他用电：约2.0kW。

9. 雾喷灌溉

雾喷灌溉主要用于温室内降温及湿度调节，还特别适合育苗温室的灌溉。

（1）配置形式（以下为标准配置，可根据用户要求更改）

南侧两拱有苗床部分配置雾喷灌溉系统，北侧两拱温室暂按客户漫灌考虑，南侧两拱温室每拱沿南北方向设3排PE管，每排PE管间距2.3m，雾喷头间距1.5m。喷头参数见表2-12。

喷头参数 表2-12

型号	流量（L/h）	工作压力（Pa）	喷洒面积（m²）
雾喷喷头	60	3×10^5	6~8

（2）控制方式

手动。

（3）设计条件

要求水源进入温室，水压大于3×10^5Pa，水质达到国家灌溉水标准。

（4）配置说明

①采用国产优质产品，品质精良，坚固耐用；

②配有专用的防滴装置，在压力小于2.2×10^5Pa时自动关闭；

③单组喷头喷洒范围为3~4m²，喷洒均匀度高；

④雾滴细微，在水流压力满足要求的情况下，可完全雾化；

⑤独特的悬锤装置消除了管道变形造成的不利影响；

⑥向四周均匀喷洒，主要用于温室温湿度控制及育苗温室的灌溉。

雾喷灌溉系统的主要配置参见表2-13，建造时可根据具体情况选择规格。

雾喷灌溉系统主要配置 表2-13

名称	常用规格	单位
UPVC管	63，40，32	m
PE管	25，20	m
UPVC及PE管件	20~63	个
压力表	6×10^5Pa	个
网式过滤器	1"，1.5"，2"	个
UPVC球阀	63，40，32	个
雾喷喷头	国产	个
安装件	吊绳、螺丝等	若干

低碳果蔬设施生产建造技术

以上设计方案要求甲方必须做到冬季专人扫雪，积雪厚度不得超过50mm；夏季保温被应及时卸掉入库，冬季使用时重新安装；温室内严禁吊挂载荷；土建施工时，地梁必须有钢筋套子；墙体必须水泥砌筑。此外在温室内还需要建造1个15m³的蓄水池。

2.4.1.2 温室报价

连栋特色保温型温室（规格：35m（跨）×48m（长））的造价情况参见表2-14。

连栋特色保温型温室造价 表2-14

名称	规格	数量	单价	小计（元）
热镀锌钢管装配式骨架	35m×48m	1680m²	135元/m²	226800.00
复合保温被	6.5×4.1m²/领	60领	25元/m²	39975.00
电动卷铺机构	φ40mm	5套	6300元/套	31500.00
覆盖连接板	1mm	248m	35元/m	8680.00
10mm的彩钢板及扣边材料	0.95m×2.4m	548m²	125元/m²	68500.00
屋面阳光板覆盖（含铝合金、固定件等）	8mm双层中空防雾滴板	1560m²	135元/m²	210600.00
保温被卡	1.2′	400个	2元/个	800.00
压膜线	尼龙芯	70kg	20元/kg	1400.00
强制通风降温系统	1.4m专用风机	5台	2000元/台	10000.00
	1.5m湿帘	48m²	280元/m²	13440.00
	湿帘泵及循环水	1套	1500元/套	1500.00
	湿帘外平开窗	48m²	180元/m²	8640.00
	湿帘内卷膜窗	58.5m²	40元/m²	2340.00
苗床	可移动式	408m²	135元/m²	55080.00
门及缓冲间	4m×2m×2m	8m²	1000元/m²	8000.00
顶部手动铝窗户	1000mm×500mm	15套	500元/套	7500.00

续表

名称	规格	数量	单价	小计（元）
南面铝合金窗户	2000mm×1200mm	28.8m²	180元/m²	5184.00
南面保温膜系统	2600mm×48m	124.8m²	10元/m²	1248.00
配电系统	含配电箱等	1套	18000元/套	18000.00
雾喷灌溉系统	蓄水池、雾化喷头	1680m²	15元/m²	25200.00
温室土建	包括基础、墙体、外墙瓷砖、侧墙后坡防水、后坡板、四周散水等	1栋	336000元/栋	336000.00
安装费		1680m²	50元/m²	84000.00
运输费				30000.00
税金及管理费				119438.7
合计（元）		1313825.7		

注：1. 温室夏季长期使用湿帘、风扇降温，成本较高，在温度较高地区，可考虑安装电动外遮阳设备，外遮阳成本为75元/平方米。

2. 本方案外遮阳造价为75×1680=12600.00元。

2.4.2 可控连栋温室设计

2.4.2.1 温室主体

1. 主体结构类型

文洛式三屋脊聚碳酸酯中空板温室（图2-24）。

2. 性能指标

①风载：$0.5kN/m^2$；

②雪载：$0.30kN/m^2$；

③吊挂载荷：$15kN/m^2$；

④最大排雨量：140mm/h；

⑤电参数：220V、50Hz、PH1（单相）/380V、50Hz、PH3（三相）。

3. 规格尺寸

栋宽：10.8m，柱间距：4.0m，雨槽底檐距柱底：4m，屋脊距柱底：4.87m，屋面角：23°。

图 2-24　文洛式三层脊聚碳酸酯中空板温室

4. 排列方式

温室屋脊的走向为东西走向；山墙长：10.8×4=43.2m，侧墙长：4×10=40m，总面积：1728m²。

5. 主体结构材料与覆盖材料

（1）主体结构材料

温室主骨架采用国产热镀锌钢管及钢板，主要包括：

①立柱，采用50mm×100mm×3mm的矩形钢管

②格构架，采用50mm×50mm×2mm的矩形钢管及Φ16mm、Φ14mm的圆钢；

③屋架及四周檩条，采用50mm×30mm×1.5mm和50mm×50mm×2mm的矩形钢管；

④雨槽，采用δ=2（钢板厚度2mm）的钢板；

⑤立柱底板，采用δ=10（钢板厚度10mm）的钢板。

连接件均采用镀锌处理。使用国产铝合金框架及连接螺栓、螺母及垫圈。

（2）覆盖材料

温室屋顶及四周均覆盖防紫外线、防结露、δ=8的优质聚碳酸酯中空板。

6. 门、室内道路及地面处理

温室南面设推拉门1道，尺寸为2m(宽)×2.1m(高)。温室内部地面南北向设一条宽2.0m的主通道，东西向设一条宽1.5m的副通道。

第2章　低碳蔬菜生产设施

7. 通风系统

(1) 顶通风

顶通风系统采用国产减速电机和齿轮/齿条驱动系统；轴及连接附件为国产热镀锌件。每个尖顶隔跨单侧开窗（图2-25(b)），单个窗尺寸为1m×4m；使用国产铝合金窗框，聚酯中空板覆盖。

(2) 侧通风

温室东西两侧安装1.5m高的单层玻璃塑钢推拉窗（图2-25(a)）。

(3) 湿帘外窗

湿帘外安装1.5m高的铝合金玻璃推拉窗，窗框四周采用橡胶密封条。

(a) 侧通风窗　　(b) 顶通风窗

图2-25　温室通风系统

8. 防虫网

温室所有通风口均设置国产40目防虫网。

9. 基础

温室基础四周圈梁，内部为独立基础；温室四周设0.5m高砖墙裙；温室外四周设1m宽散水。

10. 屋面排水

采用两端排水，雨槽坡度为2.5‰。

2.4.2.2 外遮阳系统

外遮阳系统（图2-26）夏季能将多余阳光挡在室外，形成荫凉，保护作物免遭强光灼伤，为作物创造适宜的生长条件。遮阳幕布可满足室内湿度控制及保持适当的热水平，使阳光漫射进入温室种植区域，保持最佳的作物生长环境。

图2-26　温室外遮阳系统

1. 性能指标

外遮阳系统的性能指标参见表2-15。

可控连栋温室外遮阳系统性能指标　　表2-15

电机型号	WJ40-0.55kW（国产）
行程（m）	3.70
运行速度（m/min）	0.29
单程运行时间（min）	12.75
电源（三相/50Hz/V）	380
电机功率（kW）	0.55

2. 系统基本组成

（1）外遮阳构架

温室顶部安装外遮阳骨架。构架高5.5m，幕高5.4m，纵向运行。选用50mm×50mm镀锌方管，连栋间用镀锌方管和连接件组合成网架结构。支架部分强度可靠，外形美观。

（2）传动机构

采用国产齿条传动机构，通过减速电机与之联结的传动轴输出动力。传动轴采用$\Phi 34\times 3.5$钢管，中部与电机相连，其余部分齿条均布相连；驱动杆和推幕部分采用新型铝型材组件，横向布置，拉动幕面开合，使幕布在运行中平展美观。

（3）幕线

双层幕线选用国产黑色聚酯幕线，防锈，变形小。每8m栋宽17条下幕线，17条上幕线。

（4）控制部分

控制箱内装有幕展开与合拢两套接触器件，既可手动开、停，又可通过行程开关，实现自动停车。

（5）幕布

选用LON80型专用外遮阳幕布，遮阳率75%。

2.4.2.3 内保温遮阴系统

1. 设计原理

夏季，利用保温遮阴幕遮挡阳光，阻止多余的太阳辐射能进入温室，降低室内能量聚集，从而降低温室内温度，保护幼苗免受强光灼伤，保证幼苗能够正常生长。冬季，保温遮阴幕有阻挡室内红外线外逸的作用，减少热量散失，从而提高室内温度，降低能耗和冬季运行成本。此外，保温遮阴幕还能防止室内水汽无限制外逸，有效保持空气湿度，减少灌溉用水，节约成本，提高效率。

2. 技术参数

保温遮阴幕选用优质缀铝编织内用幕，遮阳率65%、节能60%、保质期5年、正常寿命8年；采用齿轮齿条型传动。

内保温遮阴系统行程为3.7m；运行速度0.386m/min；单程

运行时间9.57min；电源为380V，50Hz；电机功率：0.55kW。

3. 系统基本组成

控制箱：箱内装配有遮阴幕展开与合拢两套接触器件，既可手动开停，又可通过行程开关，实现电动控制。该箱装备温控、时控设备，与温室气象站系统联机，可实现自动控制。

图2-27 室内保温遮阴系统

驱动电机及联轴器：采用温室专用进口减速电机，与控制箱相连，该机输出轴处配有行程开关，限位准确，使整套系统运行平稳可靠。

齿条副：进口优质产品，质量可靠。

传动轴：采用1″钢管，电动机安装在传动轴中部；齿条副均匀分布。

推拉杆：为1″镀锌钢管，每条齿条副连接一根。

驱动杆：驱动杆与推拉杆联结，为专用铝合金型材；横向布置，拉动幕布开合，确保幕布在运行中平展美观。

幕线：采用专用托幕线，防锈，变形小。

2.4.2.4 湿帘/风扇降温系统

1. 工作原理

湿帘安装在温室的北端，风扇安装在温室的南端。湿帘/风扇降温系统的工作原理参见2.4.1.1-2-（1）。

2. 基本配置

湿帘：高1.5m，长36m（包括铝合金框架）。

水泵：1台，水泵电机功率1.1kW/台。

供水装置2套；

风扇：6台，外形尺寸1400mm×1400mm×445mm，每台排风量约40000m³/h。

2.4.2.5 采暖系统

温室使用燃煤热风炉加热，每台热风机配合升温方式进行采暖加温。

热风炉布置于温室一侧，热风机安装在温室内部，温室室外采暖设计采用平均温度作为室外设计温度推荐值，一般为-10℃，室内设计温度15℃。

2.4.2.6 移动苗床

1. 规格

苗床规格为1.8m（长）×1.6m（宽）×0.70m（高），如图2-28所示。

2. 特点

主体结构的材质为铝合金边框，可左右移动较长距离，高度方向上可以进行微调。苗床上安装有防翻限位装置，防止由于偏重引起的

图2-28 移动苗床

倾斜问题。任意两个苗床间可设置约0.6（或0.8）m的作业通道。温室每跨10.8m，其内设置苗床6~12组。

3. 使用寿命

10年以上。

2.4.2.7 上喷灌溉系统

上喷灌溉为温室内最常用的灌溉方式，可用于任何温室内各种作物的灌溉。

1. 配置形式

单栋宽10.8m，PE管间距3m，倒挂喷头间距3m。标准配置灌溉强度约为8mm/h。

2. 控制方式

上喷灌溉系统为自动控制喷头，参数见表2-16。

喷头参数　　　　　　　　　表2-16

型号	流量（L/h）	工作压力（Pa）	喷洒直径（m）
倒挂喷头	70	$1.5 \times 10^5 \sim 3.5 \times 10^5$	2~2.5

3. 设计条件

要求水源进入温室，水压达到 3×10^5，水质达到市政自来水洁净程度。

4. 配置及说明

上喷灌溉系统采用优质产品，品质精良、坚固耐用；同时配有专用的防滴装置，在压力小于 $7\times10^4 Pa$ 时自动关闭。

单个喷头喷洒直径为 $2\sim2.5m$，喷洒均匀度高、范围广，且具有多种喷头及喷嘴组合方式可供选择。独特的悬锤装置消除了管道变形造成的不利影响。

上喷灌溉系统的主要配置参见表2-17。实际建造时间可根据具体情况选择适宜的规格。

上喷灌溉系统的主要配置　　　　　　表2-17

名称	常用规格	单位
UPVC 管	63, 40, 32	m
PE 管	25, 20	m
UPVC 及 PE 管件	20~63	个
网式过滤器	1", 1.5", 2"	个
UPVC 手控球阀	63, 50, 40, 32	个
倒挂喷头	进口	个
安装件	吊绳，螺丝，胶等	若干

2.4.2.8 配电系统

集中控制温室用电设备，设有手动开关。

1. 电负荷

配电系统的电负荷情况如表2-18所示。

2. 配置说明

①电控箱（图2-29）放置于温室内，可在自动与手动之间进行转换，便于温室内设备的安装调试与维修。

第2章 低碳蔬菜生产设施

可控连栋温室配电系统电负荷　　　　表2-18

名称	数量	单位	电源相数	单台负荷（kW）
外遮阳幕电机	1	台	三相	0.55
内遮阳幕电机	1	台	三相	0.55
顶开窗电机	1	台	三相	0.75
湿帘泵	1	台	三相	1.1
湿帘风机	6	台	三相	1.1
微喷水泵	1	台	单相	1.5
照明灯	40	盏	单相	0.1

②温室内为用电方便安装防水防溅插座，插座均匀分布。

③温室内导线采用防潮型RVV绝缘导线。

④传感器信号线采用RVVP型屏蔽导线。

⑤温室内均匀分布防水防尘汞灯，以利于温室内的照明。

⑥温室内采用TN-S接地系统；装有漏电开关，以利防火和人身安全。

⑦主线部位布置线槽，支线穿管。

⑧用户将三相五线电源接进温室内电控箱上，电源上下波动不能超过±10%。

图2-29　电控箱

3. 基本材料

配电材料主要包括电控箱，各类绝缘电线、电缆，安装敷料。

2.4.2.9　温室报价

可控连栋温室的造价情况参见表2-19。

低碳果蔬设施生产建造技术

可控连栋温室造价　　表2-19

系统配置	配置材料说明	产地	单价	数量	小计（元）
主体骨架	热镀锌轻钢结构主体骨架	自主生产	110 元/m²	1728m²	190080.00
覆盖材料	双层8mm聚碳酸酯中空板	合资	90 元/m²	2633m²	236970.00
	四周专用密封件、密封胶条	国产	40 元/m²	2633m²	105320.00
温室门	PC板覆盖铝合金型材及密封件	自主生产	3000 元/套	1套	3000.00
外遮阳系统	专用外幕布，齿轮齿条传动	合资	70 元/m²	1728m²	120960.00
内遮阳系统	专用内幕布，齿轮齿条传动	合资	30 元/m²	1728m²	51840.00
通风系统	东、西端面推拉窗	国产	180 元/m²	120m²	21600.00
	湿帘外推拉窗	国产	180 元/m²	54m²	9720.00
	顶开窗系统	国产	36000 元/套	1套	36000.00
强制降温系统	湿帘、风机、循环水系统	国产	650 元/m²	54m²	35100.00
苗床系统	热镀锌支架、铝合金边框	国产	110 元/m²	1465.2m²	161172.00
微喷灌溉	PVC主管、PE支管、喷头等	国产	6 元/m²	1728m²	10368.00
供暖系统	自动化燃煤热风炉系统	国产	45000 元/套	2套	90000.00
照明系统	隔爆型防爆灯	国产	100 元/个	30个	3000.00
电动控制及配电系统	电器控制柜、电缆及附件等	国产	25000 元/套	1套	25000.00
土建费用（元）	基础、砖墙裙、外墙瓷砖、通道、散水、苗床基础、锅炉房等				86400.00
安装费用（元）	温室整体安装				86400.00
运输费用（元）					10000.00
税金及管理费（元）					76975.80
合计（元）					1359905.80

2.5 蔬菜防虫网棚

防虫网是一种新型农用覆盖材料。它以优质聚乙烯为原料，添加了防老化、抗紫外线等化学助剂，经拉丝织造而成，形似窗纱，具有抗拉、抗热、耐水、耐腐蚀、无毒无味等特点，收藏轻便，正确保管寿命可达3～5年左右。蔬菜防虫网除具有遮阳网的优点外，最大的特点是能防虫、防病，大幅度减少农药使用量，是一种简便、科学、有效的防虫措施，是无公害蔬菜的关键技术。

2.5.1 防虫网技术概述

2.5.1.1 防虫网的防虫防病原理

防虫网以人工构建的屏障，将害虫拒之网外，达到防虫、防病、保菜的目的。此外，防虫网反射和折射的光对害虫还有一定的驱避作用。

2.5.1.2 防虫网的作用

（1）防虫

蔬菜覆盖防虫网后，基本上可免除菜青虫、小菜蛾、甘蓝夜蛾、斜纹夜蛾、黄曲跳甲、猿叶虫、蚜虫等多种害虫的危害。据试验，防虫网对白菜菜青虫、小菜蛾、豇豆荚螟、美洲斑潜蝇的防效为94%～97%，对蚜虫防效为90%。

（2）防病

病毒病是多种蔬菜上的灾难性病害，主要是由昆虫特别是蚜虫传播。由于防虫网切断了害虫这一主要传毒途径，可大大减轻蔬菜病毒的侵染，防效为80%左右。

（3）调节气温、土温和湿度

试验表明：炎热的7～8月，在25目白色防虫网中，早晨和傍晚的气温与露地持平，而晴天中午比露地低1℃左右。早春3～4月，防虫网覆盖棚内气温比露地高1～2℃，5cm地温比露地高0.5～1℃，能有效地防止霜冻。防虫网室遇雨可减少网室内的降水量，晴天能降低网室内的蒸发量。

（4）遮强光

夏季光照强度大，强光会抑制蔬菜作物的营养生长，特别是叶菜类蔬菜，而防虫网可起到一定的遮光和防强光直射作用，20~22目银灰色防虫网一般遮光率在20%~25%。

2.5.1.3 网目选择

购买防虫网时应注意孔径。蔬菜生产上以20~32目为宜，幅宽1~1.8m。白色或银灰色的防虫网效果较好，如果要强化遮光效果，可选用黑色防虫网。50~60目防虫网是马铃薯原种网棚的专用网，网眼较密，单丝较粗，相比市场流通的防虫网更为厚实，使用年限更长，大大降低网棚的成本。

2.5.1.4 防虫网的使用

（1）大棚覆盖

将防虫网直接覆盖在大棚架上，四周用土或砖压严压实。棚顶压线要绷紧，以防夏季强风掀开。留正门揭盖，方便出入。平时进出要随手关门，以防蝶、蛾飞入棚内产卵。同时还要经常检查防虫网有无撕裂口（特别是使用年限较长的），一旦发现应及时修补，确保网室内无害虫侵入。

（2）小拱棚覆盖

以竹片或钢筋弯成拱棚插于大田畦面，将防虫网覆盖于拱架上，以后浇水直接浇在网上，一直到采收都不揭网，实行全封闭覆盖。

根据联合国有关组织统计，全世界每年有75万人发生农药中毒，其中近2万人丧生。而我国近几年据农业部、卫生部统计，每年发生农药中毒人数均超过10万人。所有这些中毒大多是因蔬菜残留农药引起的，这是多么的触目惊心！蔬菜农药污染的严重使我们认识到了推广使用防虫网的紧迫性。

2.5.1.5 防虫网的应用范围

（1）叶菜类防虫网覆盖栽培

叶菜是城乡居民夏秋季喜食用的蔬菜，具有生长快、周期短的特点，但露地生产虫害多，农药污染严重，市民食用时心存担忧。使用防虫网覆盖栽培则可大大减少农药污染。

（2）茄果类、瓜类防虫网覆盖栽培

茄果类、瓜类夏秋季易发生病毒病，应用防虫网后，切断了蚜虫传毒途径，减轻病毒病的危害。

(3) 育苗

每年的6~8月是秋冬季蔬菜的育苗季节，又是高湿、暴雨、虫害频发期，育苗难度大。使用防虫网后蔬菜出苗率高、成苗率高、秧苗素质好，从而赢得秋冬蔬菜生产的主动权。

2.5.1.6 防虫网的应用效果

(1) 经济效益

防虫网覆盖可实现蔬菜生产不打药或少打药，因而省药、省工、节本。使用防虫网从表面看虽增加了生产成本，但由于防虫网使用寿命长（4~6年）、年度内使用时间长（5~10个月）且可多茬使用（种植叶菜可生产6~8茬），实际每茬投入成本较低（灾害年份效果更为明显）。蔬菜品质好（无或少农药污染），增产效果好。

(2) 社会效益

大大提高了夏秋季蔬菜的防虫、抗灾能力，解决长期以来困扰各级领导、菜农、市民的蔬菜伏缺难题，其社会效益是不言而喻的。

(3) 生态效益

环境问题已越来越受到人们的关注。化学农药防治效果显著，但却暴露出众多弊端。农药的频繁使用造成了土壤、水、蔬菜的污染，每年因误食受农药污染的蔬菜而导致中毒的事件时有发生；害虫抗药性增强，防治难度越来越大，小菜蛾、斜纹夜蛾等害虫甚至发展到无药可治的地步。而防虫网覆盖栽培，则是通过物理防治的办法来达到防虫的目的，避免了环境污染。

2.5.2 脱毒马铃薯原种网棚扩繁栽培技术

马铃薯脱毒种薯的推广应用，是目前国内外解决马铃薯因病毒侵染导致品种退化、产量降低、品质下降的最有效措施。脱毒马铃薯网棚扩繁就是以脱毒微型薯（原原种）为种源，在人工隔离防蚜和良好的栽培条件下进行种薯繁育，是脱毒马铃薯种薯繁育的重要环节。只有按照科学的技术规程和严格的操作程序进行栽培，才能生产出优质的原种。

1. 原种的质量标准

块茎大小适中、均匀，品种纯度99.9%，普通花叶病率2%以下，重花叶病株1%以下，卷叶病株1%以下，类病毒病株1%以下，真菌和细菌发病率0.2%以下。

2. 种植区域和地块的选择

（1）繁种区域

适宜脱毒马铃薯原种网棚扩繁的区域是海拔高、气候冷凉、昼夜温差大、积温低、无霜期短、生长期内日照时间长、正常年份雾天少、病虫害发生较轻、交通便利的地区。

（2）地块选择

马铃薯生长需要疏松的土壤，应选择土层深厚、土质疏松、富含有机质、不易积水的沙壤土，并且远离商品薯种植地块。

（3）茬口安排

马铃薯忌重茬，必须要有3年以上的轮作。脱毒马铃薯繁育的前茬以禾本科和豆科作物为好，禁止与番茄、辣椒、茄子、白菜、甘蓝等茄科和十字花科蔬菜连作。

3. 网棚的设计与建造

（1）网棚结构

原种扩繁网棚要求防蚜虫效果好、棚内空间大、结构稳定、田间作业、抗风性强。大规模的网棚扩繁还要求小型农机具能在棚内作业。一般要求棚脊高2.5~3m，边高1.5m，跨度6~10m，棚长60~80m；每隔8~10m设一钢架，不设立柱；纵向1~1.5m拉一道8号铅丝，固定在钢架和棚头的地锚上，竹片间距0.8~1m，固定在铁丝上。

（2）防虫网的选择

选用0.3~0.44mm孔径的优质防虫网，要求缝扎牢靠，无裂口、破洞，进出口设双层防虫网。

（3）棚网建设

防虫网棚于播种前1~2个月建设较为适宜，一般在春、秋两季进行。骨架材料必须固定牢靠，铅丝要拉紧拉直；防虫网要拉紧，保持棚面平整，四周埋土密封固定。

4. 整地施基肥

前茬作物收获后要及时深耕土壤，深度20~25cm，秋季结合整地深施基肥，每667m²施入有机肥2500~3000kg、碳酸氢铵25kg、过磷酸钙20kg。地下害虫严重的地块，结合施基肥每667m²用0.5kg辛硫磷或甲基异柳磷拌细河沙50kg，与基肥同时深施。

5. 微型薯的播前处理

(1) 选种

网棚繁育原种必须选用当年元月中旬以前收获、经过2~3个月自然休眠期的微型薯。微型薯出库后，先剔除病薯、烂薯，按大小分级，然后用58%甲霜灵锰锌拌种消毒，用量为微型薯重量的0.1%，拌种后立即晾干表皮水分。

(2) 催芽

采用先高温黑暗、后低温光照的"二段催芽法"进行催芽，即将消毒处理后的微型薯在20℃左右温度和黑暗条件下催芽10~15天，待幼芽长至3~5mm时，移至15℃左右的低温和有散射光条件下10~15天，促进其形成绿化健壮的幼芽，未发芽的需挑出重新催芽。

6. 精细播种

(1) 播种时期

在10cm处地温稳定在6~8℃时即可播种，适当延迟或提早播种可使块茎膨大期避开高温季节，延迟播种应在5月下旬至6月上旬，提早播种应在4月中旬。

(2) 合理密植

微型薯的大小差别很大，应分级播种，1.5~3g的微型薯适宜的播种密度为每667m²7000~9000株，3g以上的微型薯适宜的播种密度为每667m²6350株。

(3) 种植方式

实行宽窄行种植，宽行70~75cm，窄行25~30cm，株距15~21cm。按行距开沟，人工点播，播种深度为5~10cm。结合播种开沟集中施用种肥，每667m²施磷酸二铵10kg、尿素7.5kg、硫酸钾5kg。

7. 田间管理

(1) 查苗补苗

出苗后要查苗补苗，对缺苗严重的地块及时补播，以保证全苗。

(2) 中耕除草

苗出齐后尽早锄草1次，结合锄草深松土壤。现蕾期结合培土清除田间杂草。生长后期根据情况再锄草1次。

(3) 提早培土

应在现蕾期进行，从宽行中取土，培放在窄行上，形成15~20cm高的垄，在保护好下部叶片的前提下，植株周围要多培土。

(4) 水肥管理

1) 浇水：浇水应根据降雨情况灵活掌握，正常情况下，应在现蕾期、盛花期和终花期各浇水1次，灌水量不能过大，防止积水，有条件的应采用喷灌、滴灌等先进节水灌溉技术。

2) 追肥：结合培土，每667m^2施尿素5kg，硫酸钾5kg，防止植株早衰，促进结薯。

(5) 病虫害防治

1) 害虫防治：主要是防治蚜虫，播种后尽早覆盖防虫网，苗出齐后，棚内喷施1次2.5%敌杀死乳油1000倍液，团棵期喷施1次抗蚜威或一遍净，以后个别棚内出现蚜虫危害，应及时喷药防治。

2) 病害防治：以晚疫病为主的真菌性病害，在盛花期、终花期和块茎膨大期各喷施1次杀菌剂，药剂选用甲霜灵锰锌、杀毒矾、克锰、安泰生、雷多米尔等。在连续阴雨及空气湿度大的时候，晚疫病容易大流行，要以杀毒矾为主，与其他药剂交替或混合喷药防治。细菌性病害用农用链霉素防治，按使用说明书要求，与防治真菌性病害结合进行。

8. 收获与贮藏

(1) 提早收获

植株中下部叶片变黄时，提早进行人工割秧或用0.1%~0.2%硫酸铜溶液喷洒，杀死地上部分，防止地上部分的病菌侵入块茎。割秧后10~15天收获，以促进薯皮老化。收获时要尽量减少破薯、烂薯的产生，防止薯皮受损。

(2) 贮藏

1) 贮藏库 (窖) 的消毒: 原种入库前, 要对贮藏库进行一次清扫, 然后用百速烟剂或硫黄熏蒸消毒。

2) 种薯预冷: 种薯收获后带有大量的田间热, 应在库外预冷一夜后于第二天早上入库, 防止库温升高。

3) 贮藏库的管理: 入库后前期库温高、湿度大, 应以降温排湿为主, 加大夜间通风量; 贮藏中期正值寒冬, 应以保温增温为主, 防止种薯受冻; 贮藏后期以降温保湿为主, 防止种薯提早发芽和失水。贮藏期间要定期进行检查, 清除病烂薯。

2.5.3 蔬菜生产防虫网使用技术

防虫网既有遮阳的作用, 又有防虫的功能, 是预防大田蔬菜虫害的一种新材料。防虫网主要用于夏秋季小白菜、菜心、夏萝卜、甘蓝、花菜以及茄果类、瓜类、豆类等蔬菜的育苗和栽培, 可提高出苗率、成苗率和秧苗质量。现将蔬菜生产中防虫网的使用技术介绍如下:

2.5.3.1 防虫网的覆盖时期与覆盖形式

防虫网遮光较少, 无需日盖夜揭或前盖后揭, 应全程覆盖, 不给害虫有入侵机会, 才能收到满意的防虫效果。

防虫网在蔬菜生产中的覆盖形式有3种:

①将防虫网直接覆盖在大棚架上, 四周用土或砖块压严压实, 在网上用压膜线扣紧, 留正门揭盖。②以竹片或钢筋弯成小拱架, 插于大田畦面, 将防虫网覆于拱架上, 以后浇水直接浇在网上, 一直到采收都不揭网, 实行全封闭覆盖。③采用水平棚架覆盖。

2.5.3.2 土壤消毒

在前作收获后, 及时将前茬残留物和杂草搬出田间, 集中烧毁。建棚前10天, 放水淹没菜地畦面7天, 淹死地表及地下害虫的虫卵和好气性病菌, 然后排除积水, 让太阳暴晒2~3天, 并全田喷洒农药灭菌杀虫。同时防虫网四周要压实封严, 防止害虫潜入产卵。小拱棚覆盖栽培时, 拱棚要高于作物, 避免菜叶紧贴防虫网, 以防网外的黄条跳甲等害虫取食菜叶并产卵于菜叶上。

2.5.3.3 综合配套措施

在防虫网覆盖栽培中,要增施腐熟的无公害有机肥,选用耐热、抗病虫良种,生产过程中使用生物农药、无污染水源,采用微喷技术等综合措施,以生产无公害的优质蔬菜。

2.5.4 精心保管

防虫网田间使用结束后,应及时收下,洗净、吹干、卷好,以延长使用寿命、减少折旧成本、增加经济效益。

第3章 果蔬贮藏保鲜技术与设施

随着我国经济的快速发展、人民生活水平的提高和健康饮食意识的增强，人们对蔬菜果品的需求正在增长，同时也对蔬菜果品的质量、安全和品种提出了更高的要求，这就需要新鲜蔬菜果品低温保鲜体系的支撑。

农产品的保鲜和加工是农业生产的继续，是农业再生产过程中的"二产经济"，发达国家均把产后贮藏加工放在农业的首要位置。除了保鲜和加工带来的高附加值，仅减少现有蔬菜腐烂的损失就可以为社会带来近千亿元的效益。美国农业总投入的30%用于采前，70%用于采后；意大利、荷兰农产品保鲜产业化率为60%，日本大于70%。产后产值与采收时自然产值比，美国为3.7∶1，日本为2.2∶1，而我国仅为0.38∶1；虽然我国蔬菜的产量居于世界第一位，但几乎是以原始状态投放市场，蔬菜的腐烂等损失在25%～30%，而美国等发达国家由于采用先进的低温储运保鲜技术，其蔬菜的损失只有1.7%～5.0%。可见在我国蔬菜采后保鲜和加工具有很大的经济潜力。

近年来，我国一直致力于发展农产品的采后流通技术，然而现代农产品流通体系的建立必须依赖于农产品现代储运。蔬菜果品储运是农产品储运的重要组成部分，是连接蔬菜果品生产与消费的桥梁。现代储运技术从纵向一体化的角度出发，能够把新鲜蔬菜果品生产、采收、分类、包装、加工、贮藏、运输、配送和销售等环节快速有效地整合起来，减少流通中的损失，为解决我国"三农"问题打下扎实的基础。

3.1 果蔬保鲜技术概况

3.1.1 果蔬贮藏保鲜的概念和内涵

蔬菜果品贮藏保鲜的概念和内涵在不同时期和不同阶段是不同的，它随着社会的发展是在不断发展的。这一产业的工作重点也是在不断发展、变化的。

现代蔬菜保鲜的立足点是个"鲜"字。我国的蔬菜生产供应经过多年改革与发展，尤其是十年来"菜篮子工程"的实施，蔬菜产品的生产、流通和消费已发生了深刻的变化，正在从量的提高向质的提高转变。目前蔬菜产品供求关系已转向"买方市场"，1997年我国人均占有蔬菜253公斤，超过世界人均水平，长期困扰我们的总量不足问题已基本解决。在稳定总量的基础上，实现质的提高，已成为新时期"菜篮子工程"的主要任务。在这一形势下，蔬菜保鲜业工作重点已不是实现过去的"保不烂"、"保有比没有强"短缺时代的要求。由于蔬菜品种选育、保护地栽培和运输流通的发展，蔬菜市场需要的是鲜嫩如初的产品，所以经过贮藏延迟上市的产品必须与保护地栽培或流通运输过来的蔬菜有可比性，如果贮藏的产品鲜度已明显不如后两者，那么价钱再便宜，也会无人问津，谈不上贮藏经济效益。

蔬菜采后工作的内涵将转向商品化、标准化。近年来受消费市场变化的影响（人们要求无公害、净化的商品化蔬菜），蔬菜产品开始重视质量和卫生。除了通过栽培上的减少污染的措施来进行田间生产外，通过采后工作向消费者提供优质商品化的蔬菜已成为我们工作的内涵。今后贮藏保鲜业除了少数蔬菜种类（如大蒜、蒜薹、洋葱等）栽培的季节性较强且较耐藏，仍要通过较长时间的贮藏来满足市场需要之外，大多数蔬菜采后保鲜工作的重点是向世界发达国家靠拢，研究并开发蔬菜采后运销、流通中的商品化处理增值技术和国内外运销供应中第二周、第三周时间里的防腐保鲜技术。这一工作目前在北京、上海、广州、沈阳这样的大城市已经开始。制定并采用标准化来生产、整理、处理和包装的洁净、卫生、无公害、低药残的优质商品蔬菜将成为今后采后工作的发展方向。

3.1.2 传统贮藏保鲜技术

①原始贮藏保鲜。包括堆藏、沟藏和窖藏3种方式。

②冷藏保鲜。冷藏是现代化果蔬贮藏保鲜的主要方式和基础。

③气调贮藏保鲜。气调贮藏在世界各国得到普遍推广，它是当代最先进的、可广泛应用的果蔬保鲜技术之一。

3.1.3 现代果蔬保鲜技术

①调压贮藏保鲜。包括减压贮藏和加压贮藏。

②新型保鲜剂保鲜。常用的新型保鲜剂主要有可食用保鲜剂、VC化合物保鲜剂、和几丁质3种。除此之外，雪鲜、森伯保鲜剂、复合联氨盐、特殊保鲜溶液和烃类混合物等也被用作保鲜剂。在新药研制方面，我国在果蔬贮藏中开始应用高效低毒的防腐剂来防止微生物引起的腐烂和生理病害。

③辐射贮藏保鲜。

④静电场下果蔬保鲜。这是一种新颖的保鲜方法，最近由于微波能技术的研究应用，在果蔬保鲜领域，可利用诸如电磁波、电磁场和压力场等微弱能源对加工对象进行节能、高效及高品质处理。

⑤臭氧及负氧离子气体保鲜法。臭氧具有强烈地杀菌防腐功能，能够彻底杀灭细菌和病毒，尤其是对大肠杆菌、赤痢菌等特别有效，此外低浓度臭氧还具有抑制霉菌生成的作用。

⑥生物技术保鲜。主要指通过生物防治和利用遗传基因来进行果蔬保鲜。生物防治是利用生物方法降低或防治果蔬采后的腐烂损失，通常有以下4种策略：降低病原微生物、预防或消除田间侵染、钝化伤害侵染以及抑制病害的发生和传播。利用遗传基因进行保鲜包括：通过遗传基因的操作从内部控制果蔬后熟；利用DNA的重组和操作技术，来修饰遗传信息；或用反DNA技术革新来抑制成熟基因的表达，进行基因改良，从而达到推迟果蔬的成熟和衰败、延长贮藏期的目的。

3.1.4 我国果蔬冷库与保鲜技术现状

（1）果蔬冷库建设逐步由大城市转向主产区

低碳果蔬设施生产建造技术

冷藏是我国果蔬长期贮藏的主要方式，但绝大多数冷库都是近30年建设发展起来的。在改革开放以前的计划经济时期，全国的果蔬贮藏企业寥寥无几，仅有的几座冷库基本都建在大城市；改革开放以后果蔬种植业和果蔬贮藏行业相互促进迅速发

图3-1　果蔬加工车间

展，全国各省市均有果蔬冷库，贮藏量不断增加。随着贮藏保鲜技术研究的深入（贮藏质量、运输压力、运输质量、最终消费质量），果蔬贮藏设施的建设逐步由大城市转向主产区，计划经济变成了市场经济。

（2）果蔬冷库建设区域集中

我国果蔬贮藏库大多集中在山东、河南、河北、陕西、辽宁、江苏等北方果蔬主产区。目前全国果蔬冷库、气调库容量约1700万吨，其中山东200多座、600余万吨，2009年山东栖霞又新增15万吨；陕西235万吨（2007年），2009年新增5万吨；而南方果蔬冷库建设较少。总体来说我国整体贮藏设施建设不足，局部设施发展供过于求。

（3）果蔬冷库的配套设施仍需加强和完善

我国果蔬贮藏设施虽有较大发展，但仍以简易和一般冷库贮藏为主，现代化气调贮藏应用较少。贮藏设备设施各地有较大差距，山东胶东地区贮藏设施相对较好，冷库建设早且发展迅速，气调库发展居全国之首，一些大型龙头企业在新建气调库时引进国外先进设备，与国外先进国家相比已无多大差别；但我国多数贮藏企业冷库设施设备简陋、落后，发展极不平衡。

（4）制冷及贮藏工艺有待改进

对采后及时快速降温的重要性认识不足，冷库设计多数无预冷设施，采用直接进库贮藏的工艺方式。多数采用传统传热温差

10℃的设计（日本、欧盟等先进国家多采用2～5℃），蒸发温度低，制冷效率低、能耗增加，同时由于温差大造成产品干耗大。多数冷库无专用贮藏包装，采用贮后不分级，带贮藏包装直接销售的方式，产品质量无保障。

(5) 不能适时采收、及时入库

对适时采收、及时入库认识不足，早采、晚采和采后不及时收购入库的现象在各地普遍存在。如：红富士苹果采收、收购时间阵线拉得太长，采后堆放待销的现象尤为突出。蒜薹晚采和因入库不及时造成薹梢发黄、质量下降快、贮藏期短等。

(6) 质量和食品安全有待于提高和加强

高质量的优质果所占比例太少，包装简单，食品安全受到质疑，国际竞争力不强。

(7) 物流形式落后、冷链流通意识缺乏、设施严重不足

(8) 产品国内外市场竞争力差

对商品化处理的增值认识不足，国际市场价格低，出口高端市场数量少；国内市场质量混杂，高质量不一定有好价格，挫伤了先进技术的应用积极性。

(9) 技术力量薄弱

操作人员未经专业培训无证上岗；缺乏真正既有理论基础又有实际操作和管理经验的管理人员；在管理操作中生搬硬套、照本宣科、盲目效仿别人、不规范操作的做法普遍存在，甚至违章操作时有发生；这些问题都会造成能耗增加、产品贮藏质量无保障。

(10) 缺乏行业自律和约束，无序竞争现象突出

在贮藏经营过程中缺少必要的行业指导与协调，在果蔬收购入库环节中的盲目冲动与市场销售中的相互挤压，成为果蔬冷藏经营过程中的两大弊端。行业内存在企业规模小、经营散乱的情况，经营者缺少对市场动态的把握，加之获取市场信息渠道不畅，在经营中盲目跟风成分较大，既增加了自身的经营风险，又造成了整个行业的混乱。

此外，国内果蔬生产中还存在采收时缺乏可靠的成熟度指标；贮运时生产处理粗劣，易引起机械损伤；贮藏时温度、湿度

控制的不适当；病害控制不适当；缺少等级标准等问题。过去传统的果蔬保鲜技术已不能满足现代人们对果蔬的需求。化学杀菌剂一直是控制果蔬采后病害的主要处理方法，然而，基于环境与健康等因素的考虑，它在果蔬保鲜上的应用越来越受到质疑，如是否会致毒、致癌、致畸及致突变。未来果蔬采后生物学研究是从细胞与分子上阐明果蔬成熟与衰败的机理，从而指导新的有效的采后贮藏保鲜技术的研究开发。

3.1.5 国外果蔬冷库与保鲜技术的现状

（1）果蔬冷库多数规模大，趋于大型化发展

发达国家注重大型冷库、气调库的发展，一座冷库贮藏能力几万吨，可拥有多条大型分级包装线、几十辆装卸铲车。国外发达国家多数冷库、冷调室设备利用率高，生产成本低；便于统一管理，容易实现标准化、机械化、自动化；产品质量控制严格，质量有保障；对市场的影响大，市场竞争力强。

（2）自动化程度高，现代化技术设施应用广泛

发达国家现代化的气调贮藏、冷链物流应用比例高，制冷环节的温度、湿度、气体指标控制实现自动化，分级、包装、装卸各环节几乎全部采用机械化、自动化。高效节能型的螺杆制冷机、蒸发式冷凝器的应用较为普遍，差压预冷、减压贮藏、超低氧浓度气调等先进工艺也已应用于极易腐产品的保鲜。

（3）设施配套化

冷库中预冷设备，清洗、分级、挑选、涂蜡、包装等商品化处理设备，冷库货架，叉车等装卸设备，贮藏环境监控设备，质量检测设备，冷链物流设备等配套完善。

（4）工艺、措施精细科学化

国外一些发达国家的制冷系统采用小温差传热（如欧盟），以减少果蔬贮藏过程中的水分损失，确保贮藏产品新鲜程度，并提高制冷效率。采收时通过采取无伤采收、抗压瓦楞纸箱包装等措施，以及加强农村道路建设，以减少果蔬流通中由于机械伤而造成腐烂严重的问题。采后运输前预冷与低温运输结合有效控制和提高流通保鲜效果。在蔬果的装卸过程中采用货架整架装卸和

搬运，快速平稳。此外，国外还采用可移动式小冷库直接在产地田间地头入库，实现了贮藏和运输的一体化，贮藏果菜出售和调运时可连冷库一起装车运走，减少了很多中间环节，确保了贮运物流质量。

(5) 注重品牌化、专业化

国外先进国家非常注重品牌的培养和保护，除了有过硬的产品质量、严格的商品化处理以外，其包装设计也十分新颖、美观和实用，注重品牌宣传。另外，国外专业化品牌冷库的优势也很突出（如：名、特、优水果专供冷藏库）。

(6) 国外保鲜技术种类丰富

国外保鲜技术种类包括冷藏保鲜、气调保鲜、减压保鲜、辐照保鲜、热处理保鲜、保鲜剂（防腐剂、植物生长调节剂、涂膜保鲜剂、生物保鲜剂）保鲜。

3.1.6 果蔬冷库与保鲜技术的发展趋势

(1) 发展产地冷库和在大型批发市场建库

为有利于产品的保鲜、确保质量，长期贮藏的冷库应建在产地；同时，由于人民消费水平的提高、特色果蔬产业和国内外贸易的发展，以预冷功能为主的冷库也会在果蔬产地加快发展；随着超市的普及和冷链物流的发展，今后大型批发市场将建设以分装、加工为主的配送冷库，并将有较大的发展。

(2) 设施配套化、现代化

环保无污染的现代化气调贮藏会加快发展。可引进国外进口的先进气调设备、监控设备；采用节能螺杆制冷机或并联机组、蒸发式冷凝器；配备铲车、拖车等机械化堆码、搬运、装卸设备；增加周转箱、拖箱等贮藏包装设施的应用，改善和销售专用包装。

(3) 冷藏业规模化、品牌化

随着国内外市场的激烈竞争，为适应国际市场形势、便于组织管理、保障食品安全、降低运营成本、提高效益、促进企业的规模化和品牌化建设将被重视和加强。发展、培养大型龙头品牌企业，参与国际竞争，提升我国果蔬产品国际地位，是行业又好又快发展的努力方向。

（4）应用与发展综合的保鲜技术

冷库贮藏仍是果蔬贮藏的主要手段；气调贮藏是今后较长时期内有待发展的苹果的主要贮藏方式。MA保鲜仍将发挥重要作用，并注重包装材料强度、透湿性、防结露性、防腐保鲜性的结合；冷藏库+保鲜膜+保鲜剂的综合保鲜技术将被广泛应用；此外，冷链流通也将是近些年的发展重点。

（5）行业管理的组织化、规范化

在今后的生产、保鲜、储运等过程中将会着重发挥行业协会作用，强化组织化、规范化管理，加强行业自律，维护市场秩序，有效地改进无序竞争现状。

3.1.7 发展果蔬贮藏保鲜产业的前提条件

当前蔬菜果品贮藏保鲜产业发展呈现出前所未有的可喜局面，各地区纷纷建库，搞保鲜业，但决不能有条件没条件都上，要使这一产业健康有序地不断发展，应注意以下几个前提条件：

（1）结合当地蔬菜果品种植业特色来发展采后贮藏保鲜业

发展农业产业化要把地方种植资源优势转变成产业经济优势，必须要依据各地蔬菜果品种植特点、特色，注意发展能形成地方特色优势的蔬菜果品的保鲜业。这里所说的种植优势是指依据当地的地域、土壤、气候等特点，种植后产量高、质量优、风味品质佳、价格廉的果蔬种类。搞贮藏保鲜业要有原料基础，而且这一基础应具有竞争优势，不能搞无米之炊，并且自己有别人也有还不行，必须自己的菜或果比别人的优、比人家的廉才行。

（2）要发展产地贮藏保鲜业，必须走产贮销一体化的道路

贮藏保鲜业是栽培生产的继续，原料是贮藏的基础，只有生产出好的菜果，才会有好的贮藏效果，贮期才长，损耗才少，出库产品才会新鲜如初，增效才大。果蔬产品不同于工业产品，它是有生命的活体商品，其采收后要求尽快进入适宜的低温、高湿状态，保持其新鲜度和优良品质。我国的果菜贮藏保鲜业在社会主义计划经济时代，曾走了一条农业管种植、商业搞贮藏和销售的产贮分家的弯路，不仅农和商两个单位在产和贮上相互独立，

而且商贮运费高、损耗大、贮藏质量不高；这便造成进入市场经济时代商贮单位出现明显的亏损，纷纷倒闭，逐步将贮藏保鲜业让位于农业种植单位。发达国家美国一直是把果蔬的采后贮藏保鲜业放在产地的农业部门，而不是放在销地的商业部门；因为只有在产地进行贮藏保鲜才最为经济、合理，且符合农产品的生物学特性。产、贮、销一体化考虑，避免了产贮分家所带来的诸多不可解决的矛盾，保证了入贮和出库上市果蔬的商品质量。

（3）发展蔬菜果品贮藏保鲜业一定要有市场经济效益

发展贮藏保鲜业的目的是要创造经济效益，必须清楚地了解贮何种菜果有市场、能创效益，同时还要了解能创效益的果蔬是否能贮、可贮藏多长时间。能长期贮但没有市场经济效益的不去贮，比如芹菜、菠菜、香菜等。可以贮藏一定时间、有可供应用的贮藏保鲜技术，但由于保护地栽培业和运输流通业的发展，贮藏后上市没效益，一年四季可通过提早、延晚栽培和南北流通来保证供应的果蔬也不要贮存。有一些蔬菜虽通过延迟供应会获得明显经济效益，但贮藏技术却解决不了，仍无法长期贮藏；我们经常遇到一些人想把露地栽培盛产季节价格低廉的菜豆、黄瓜、西瓜等贮到价格昂贵的冬季于新年、春节上市，以获显著经济效益，但不知这些果蔬难贮，根本贮藏不了多少天，无法创效益。

（4）发展蔬菜果品贮藏保鲜业要有设施环境条件

蔬菜果品贮藏保鲜业主要是靠贮藏场所的环境调控来达到目的，必须要有贮藏设施来提供适宜延迟果蔬上市的温度、湿度、空气、压力等环境条件。保鲜剂、防腐剂等化学药物用于贮藏业，是一种辅助性的措施，不能喧宾夺主，脱离开贮藏基本设施条件，单靠保鲜剂来达到贮藏保鲜的目的是不可能的。

3.1.8 果蔬贮藏保鲜业的设施条件

果蔬贮藏保鲜主要靠环境设施条件来保证，要搞好贮藏保鲜业必须重视设施条件。目前常用设施有如下6种：

（1）简易贮藏设施

指传统的堆藏、埋藏、土窖贮藏、井窖贮藏、窑窖贮藏及冻藏、假植贮藏等法贮藏。这些贮藏设施是临时性建筑，主要是靠秋冬季外部的自然气温来获得低温，并利用土壤和覆盖物的保温作用防止冬季果蔬受冻，尽量维持贮藏所要求的温度和湿度，以达到贮藏保鲜的目的。其建筑简便、成本低，但利用上大都是依赖其自发保藏作用，受气候变化影响很大，贮藏前期、后期不易获得适宜低温，贮藏风险较大，且管理上调温费事，已不适宜现代生产要求。在一些不发达的贫困地区仍可少量贮藏应用，在多数地区已应用价值不大；但山东、江苏、浙江等地的窖藏姜，因贮效较好且成本低，仍有应用价值。

（2）通风贮藏库

其是利用自然气候进行通风调温的一种固定式大型贮藏设施，曾在二十世纪六七十年代我国城镇居民的秋冬季大白菜、萝卜、马铃薯、苹果等蔬菜果品供应中发挥过相当重要的作用。但随着我国经济体制的变革，这种大型贮藏设施已基本上被废弃，尤其是随着国营蔬菜公司贮业的解体，这种设施已没有多大应用价值，因为像过去那种大规模收贮大白菜已没必要，况且过去计划经济时代是靠国家补贴来保障其运营。现今的大白菜等秋菜贮藏保鲜，在产地农民仍以建设规模较小的通风贮藏库为适，因为大白菜进入机械冷库贮藏不如利用通风贮藏库贮藏质量好，且成本也高。一些苹果产区专业合作社、果业公司的通风贮库尚有继续用来贮藏苹果的，山西、陕西等地区的土窑洞就是一种特殊形式的通风贮藏库，其保温、通风效果较适合用来贮藏苹果。但随着市场经济的发展，其在贮藏优质果蔬上的作用已逐渐被机械冷藏库所取代。

（3）机械冷藏库

机械冷藏库是当前贮藏保鲜业重要发展的贮藏设施。机械冷藏是利用具有良好隔热的固定建筑，加之安装制冷机械来人工调控环境温度，以满足蔬菜果品贮藏所要求的温度的一种标准贮藏建筑设施。它的特点是可以根据不同蔬菜、果品的生物学特性要求，人工调控适宜温度来进行贮藏保鲜。虽然耗电等追加了成本，但贮藏期长，产品质量稳定；所以机械冷藏库已成为贮藏保鲜业的基本设施条件，我国的机械冷藏设施建设一直呈迅速发展的态势；近年在产地农村，机械冷库建设在蓬勃发展。

(4) 微型冷库

微型冷库是适应中国国情的贮藏保鲜设施。我国的农业种植多是农民个体小生产经营，这和发达国家大生产经营不同，大中型冷库建设投资大，收贮、管理复杂，经营成本高，不适于我国产地的农民应用，我国国营和乡镇的大型蔬菜果品冷库现今纷纷倒闭充分说明它的不适应性。而投资省、管理简便的微型冷库非常适合产地农民现阶段建设使用，1998年我国微型冷库建设已超过5000座，发展迅速，充分说明它的适应性。

(5) 气调贮藏库

其是贮藏设施的高级形式，是在机械冷库基础上发展而来，是真正的气调贮藏（简称CA贮藏）。气调贮藏库库体不仅要求隔热，而且要求能阻隔气体（即密闭气体），实质上就是构成一个气密库，再装置降氧机和洗脱二氧化碳的机械设备，使库内能根据不同蔬菜果品的要求调控适宜的低氧、较高二氧化碳浓度的气体环境，并可排除库内乙烯等有害气体，从而降低产品呼吸强度，达到延迟后熟衰老、贮藏保鲜的目的。气调贮库虽具有上述积极作用，但大家不能认为不管什么蔬菜果品放到气调贮藏库内都能贮藏，甚至认为会比冷藏库内贮藏效果更好。气调库是一种大规模集中进出库贮藏销售的设施，它的使用不如机械冷藏库那样灵活；集中收贮装满产品之后，须将库门密封好，然后靠机械作用来调控温度和气体，贮期管理人员不能随意进库，只能通过观察孔查看情况，通过检测设备来了解库内的温度、氧气和二氧化碳状况。一般没有特殊情况，贮藏期间产品是不出库的，一直到贮藏结束才恢复正常气体状态；而这时又要求尽快将其上市供应，既不能再做较长时间冷藏，又不能再重新调整气体进入气调贮藏状态。

气调库贮藏主要是适宜采后具有典型呼吸高峰的苹果（如金冠、红星等元帅系果）、梨（如鸭梨、阳梨、香梨等）、猕猴桃等果品，国内外能用气调库贮藏的果品种类太少。由于种种原因，我国这些年建的一大批气调库因国情不适宜，多已不做气调库用，多数都改做普通冷库。至于蔬菜的气调库贮藏，国内外更很少有用，最适合气调贮藏的蒜薹，曾在大连的一个气调库试验过，但没有成功。可以说气调库现阶段不适合我国的国情，各地切莫轻易地耗费大笔资金去大建气调库。

但是，我们讲不要轻易搞气调库贮藏，并不是说彻底不要大家搞气调贮藏，实际上我们现在许多蔬菜果品（如蒜薹、葡萄、苹果等）都在搞气调贮藏。只不过我们搞的是塑料薄膜小包装气调冷藏（简称MA贮藏）。这种利用薄膜限制气体的贮藏技术简便易行、机动灵活、成本低，经过这些年院校和科研单位进行的贮藏技术研究和生产实践，应该说，我国在应用塑料薄膜封闭包装蔬菜果品进行气调冷藏方面，在世界上是处于领先水平的。现今国内一些单位生产的不同透气透湿性能的聚乙烯保鲜膜（PE）、聚氯乙烯（PVC）保鲜膜、能自动调气的硅橡胶薄膜（简称硅窗膜），并由此而做成不同厚度、不同性能的保鲜袋，可以用于各种蔬菜果品贮藏保鲜使用，如国家农产品保鲜工程研究中心（天津市），在这方面生产了许多专用薄膜保鲜袋可供贮藏保鲜果蔬使用。但要注意，利用薄膜小包装贮菜贮果必须配合机械冷藏，如若不然，装袋贮藏反而容易造成腐烂损失；再就是采用塑料薄膜小包装贮藏须配合化学药物防腐措施，因为产品放塑料袋内，虽然气体环境相对比较好，但袋内湿度较大，且不通风，会使有害微生物滋生，容易造成腐烂损失。

(6) 减压贮藏库

减压贮藏库是在能承压的密闭冷藏库内，用真空设备抽成一定的真空度，使其压力明显降低到一定程度，造成库内低氧、低乙烯、低压、高湿环境，来满足贮藏保鲜蔬菜果品的需要。这种设施贮藏在国内尚处于研究阶段，由于经验不足，加上设施建设费用较高，近年在生产上暂没有应用意义。

总之，现阶段适宜各地应用的贮藏保鲜设施是机械冷藏库和在机械冷库内的薄膜小包装气调冷藏。生产发展的现实情况是农民建设微型冷库，并采用保鲜袋加防腐保鲜剂的气调冷藏。

3.1.9 果蔬贮藏保鲜的采前田间栽培因素

要搞好蔬菜果品贮藏保鲜，必须重视采前田间栽培因素。

保证入贮蔬菜果品的质量是搞好贮藏保鲜的前提。既然贮藏生产是栽培生产的继续，那么提供耐藏性、抗病性好的产品原料入库贮藏，才能保证其贮藏期长、损耗少、质量好。只有好的原料，才能收贮；原料不好，不能贮。这一点往往说起来大家都能认识，但实际做起来，认识程度却不够。

重视采前田间栽培因素是指在品种、栽培、施肥、灌水、防病、限产等方面要认真对待，即选择耐藏性好的品种；精耕细作重视栽培管理，施肥上控制氮肥，增施磷钾钙肥，促使产品健壮、抗性强，在保证水分供给情况下，采前控制灌水；采取化学和生物措施防治病虫害，适当限制产量，保证产品质量优良。这些都是提供好的入贮原料质量的有效措施，而这些措施只有在产贮销一体化的前提下才能做到。若产贮分家，这些要求很难做到。

入贮原料的采收成熟度和采收质量是影响贮藏质量的一个很重要的因素。适采成熟度是要求根据不同种类、品种的蔬菜果品的生物学特性，在它适贮的成熟度时来收贮。许多蔬菜（如蒜薹、辣椒、苹果、梨、樱桃等）采嫩了、采老了贮藏效果都不好；许多果品（如南果梨、苹果等）采收偏早不仅果实贮藏风味不好，而且还容易造成贮藏后期发生果皮褐变（当然发生褐变还有其他因素影响）。

采摘质量好坏是影响贮藏保鲜期、保鲜质量和损耗的大问题。采摘贮藏的菜果要求免伤。美国等发达国家的人工工资昂贵，但为了确保产品质量，往往用于采摘的费用会超过采前全部生产成本，特别是对莴苣、芹菜、绿菜花、青椒等鲜嫩蔬菜和香蕉、葡萄等果品的田间采收极为细致。

一些产品贮前应适当晾晒、散热。蔬菜类如马铃薯、洋葱、大蒜、大白菜等采后适当晾晒，可促使伤口愈合且能适度脱除体表水分，往往有利于运输和贮藏，减少贮运中的腐烂。有些蔬菜果品采后暂放在阴凉通风处适当的散散热，可降低温度、减少田间带热，有利于尽快冷藏，提高贮藏效果。

3.1.10 果蔬贮前的预冷环节

蔬菜果品的贮前预冷是指通过人工措施进行冷却处理，尽快除去产品带来的田间热，将其自身温度尽可能快的冷却到预定低温，再使其进入冷藏状态。不同果蔬预冷时间不同，快的十几分钟、几十分钟、几个小时，一般要求6~12个小时，最长不超过24小时。贮前预冷的目的是使产品尽快进入冷藏状态，使其采后的生理活性得到有效控制，延缓其代谢活动，控制质变过程。往往采后预冷处理得愈快，产品的后熟作用和贮藏病害发生愈晚，贮期愈长。预冷效果取决于蔬菜果品种类、预冷方式、预冷速度、预冷终点温度。

以下介绍几种生产中常用的快速预冷方法：

①冷水冷却：一般是先将冷却水通过冷媒蒸发排管使其水温降至1~2℃，再以一定的流速冲、淋菜果产品，或用冷水浸渍产品，时间30分钟左右，须将产品温度由25℃左右的温度降到4~5℃以下。可同时在水中加次氯酸进行消毒灭菌。这种方法适合多数蔬菜果品冷却，冷却速度较快，成本不高，但不适合包装好的产品，且要注意水质清洁，防止污染。

②冰冷却：在包装箱内加填碎冰，使之降至0~1℃低温，保持95%的高湿度。冰冷却法冷却保鲜效果很好，适于运输中冷却。

③冷风冷却：在冷库或预冷间内，用0~1℃的冷风强制吹过纸箱包装产品。在普通冷库内把预冷和冷藏结合进行，冷却时间较长，往往需一天，甚至几天，而在专设预冷间内将少量产品用强制冷风冷却的，冷却时间仅需几个小时。该方法会带来一定的干耗。

④真空冷却：将纸箱包装好的产品，在真空预冷设施中抽成很高的真空度，使产品表层水分迅速汽化吸热降温。该方法冷却速度快，一般15~20分钟可使产品温度降到接近0℃，对叶菜类较适合。该方式会使产品有3%左右的干耗，另外，其设备复杂、运行成本较高，发达国家使用较广泛，而我国目前尚很少应用。

⑤回差压式通风冷却：将产品按规定方式堆码，使堆内外形成两个空间，用鼓风或抽风方法使堆内外形成压差，迫使冷风强

制通过包装产品，带走产品田间热，达到快速冷却目的。冷却速度较快，一般仅需几个小时，且设备简单、运行成本不高、适宜的果蔬范围较广，适合我国国情。

3.1.11 果蔬贮藏过程中的通风

蔬菜果品不同于水产品，其冷藏过程要求经常处在对流通过的冷风中。这样会使产品代谢过程中释放出的呼吸热不断被带走，使其一直处于低温环境中，有效地延缓生命状态。而且在流动空气中，微生物不易滋生繁殖，对控制病腐有利。

长期贮藏的蔬菜果品要求在贮期适当地更新库内空气。贮藏中的蔬菜果品的代谢活动会不断地消耗氧、放出二氧化碳，久而久之势必环境中空气将变得愈来愈不新鲜，这样一是不利于产品降低代谢活动速度，再者陈旧的空气也有利于微生物的繁殖。所以贮藏中后期应在夜里库内外温差较小的时候，开动风机，打开通风孔道，排除库内陈旧空气，吸进新鲜空气，但这一操作要尽量减少库温的波动。

3.1.12 难贮果蔬的贮存

果菜自身的生物学特性决定其耐藏性差，不好贮藏。有些果菜是喜温作物，原产并适宜在温暖、湿润的夏季环境中生长，采后要求的贮藏适温不是像秋凉季节生长的蔬菜适合0℃左右的低温贮藏，而是多数要求10℃以上的中温贮藏。这一较高温度，加上这些果蔬水分含量较大、营养丰富，比较鲜嫩、易破伤，微生物很容易侵染，贮期病烂损失较重，尤其在七、八月雨季采收的果菜，往往被称做"隔夜愁"，菜豆、茄子贮20天以上时间很难。

果菜贮藏中易发生冷害。冷害是不适低温对产品造成的生理伤害，是一种代谢紊乱现象。冷害不同于结冰冻害，往往表现为产品水渍状、颜色变暗，出现表皮凹陷、坏死，种子褐变、不能正常后熟，产品改变风味。遭受冷害的产品往往转入常温后，褐变、腐烂症状明显。腐烂不是冷害的直接结果，而是由于冷害削弱了组织的抗病性，并使细胞坏死，促使病菌侵染活动所致。不同果菜的冷害临界温度不同，菜豆、茄子在7℃，番茄在8℃，青椒在9℃，黄瓜在10℃，一般在临界温度下持续几天时间产品就会遭受冷害。

果菜除青椒尚可通过综合技术措施贮藏保鲜40~50天、延缓供应外，其他蔬菜都很难保鲜20~30天。这些果菜今后采后工作的重点是在流通环节中的商品化处理上，研究2~3周时间内的运销保鲜技术。这些果菜的长时间保鲜，只能通过低温速冻加工，进行冻结保藏。

3.1.13 几种蔬菜贮藏保鲜技术要点

1. 蒜薹贮藏保鲜技术要点

蒜薹收获后仍是活体，继续呼吸代谢，消耗体内养分，蒸发水分放出热量，随之不断衰老、腐败。一般采收后的蒜苔在常温（25~30℃）和正常大气环境（氧气：21%、二氧化碳：0.03%）下存放7天后便会失去商品价值。大量研究结果表明：蒜苔本身的呼吸代谢随温度的降低而减缓，同时低浓度氧气和高浓度二氧化碳也可以大大降低其呼吸强度和营养成分消耗。

蒜薹贮藏应以蒜薹采收及收购为起始，入库后要从温度、湿度、气体成分、防霉变4个方面进行控制管理：

①适时采收，及时入库、预冷、装袋、上架。为保证贮藏质量，应尽量于最佳采收期采收，收购长势健壮无病、质好且价位合理的蒜薹供贮，勿收激素薹、地膜薹、划伤薹。采后快速装车，通风汽运，避免遇雨、日晒、压货、热伤。尽快运入预冷间加工整理，除去杂叶和薹裤，理顺薹条，上架摊摆，充分通风预冷，冷透装袋，此期提倡用防腐保鲜剂熏（喷）。装袋量均匀一致，避免损坏包装袋。

②均衡控制温度、湿度。当贮藏环境温度达到蒜薹冰点时，保鲜效果最佳，这就是我们所说的冰温贮藏，蒜薹的冰点温度为-0.8~0℃（因体内固形物含量不同而有微小差异）。库房湿度控制在80%~90%，如湿度不够要进行补湿，措施主要有地面洒水、挂湿帘或撒湿锯末等，同时湿度高也有利于库温稳定。

③准确调节气体成分。选配高稳定性的氧气及二氧化碳浓度测量仪表，定期检查袋内氧气及二氧化碳浓度，配合低温条件，在袋内造成气调贮藏的小环境。目前使用的贮藏袋为聚乙烯（聚

氯乙烯更好）普通透湿袋（用于长期贮存）和聚氯乙烯透湿硅窗袋（用于短期贮藏如国庆节节前）。

普通袋气调指标：氧气为1%～3%；二氧化碳为9%～13%，其中二氧化碳是高限指标，氧气是低限指标。两项指标中只要有一项未达标，就应人工开袋调气放风。如果氧气浓度居高不下或二氧化碳浓度上升非常慢，则可能是袋子破损或袋子扎口不紧，应尽快查明原因并及时处理。

硅窗袋的气调指标：氧气为3%～5%；二氧化碳为5%～8%。由于硅窗袋气调成分往往受到库房内空气状况的限制，因此可以通过增加库房通风换气次数来补充氧气的消耗，这样袋内氧气浓度就会有所提高，二氧化碳浓度也会有所下降。

贮藏期应加强库内的对流通风，尤其是贮藏中后期库内外空气应及时更新。

④防霉处理。具体方法：先将库房密闭，按库房容积每立方米用7～9g药，待蒜薹预冷到-0.8℃时，将烟雾剂均匀放置在库内中间通道上，叠放成堆，然后关闭风机，由里向外逐堆用暗火点燃，密闭库房4h以上，再开启风机，将蒜薹装袋扎口，进入正常管理。

2. 大蒜、洋葱贮藏保鲜技术要点

①采后在休眠期内充分晾干，促使表皮膜质化；

②休眠结束前，装网袋或孔眼箱（筐），入冷库通风冷藏；

③贮期控制稳定低温，大蒜-2.5 ± 0.5℃、洋葱0 ± 1℃；

④控制干燥环境，大蒜要求贮藏环境的相对空气湿度为75%～80%，洋葱则要求为65%～70%。

3. 绿叶菜（芹菜、菠菜、香菜等）贮藏技术要点

①栽培期控制氮肥施用和采前灌水，细致采收；

②去除黄烂叶，带根进行整理捆把，经短时预冷后，装入0.04mmPVC透湿袋内上架通风冷藏；

③贮期控制稳定室温（0 ± 0.5℃）和高湿（95%左右相对湿度）环境；

④采取松扎袋口或挽口、或留适度通气口自动调气冷藏。

3.2 简易果蔬贮藏设施

贮藏场所是保持果蔬贮藏环境的主要条件，选择合适的贮藏场所要根据现有的条件和产品的性质、种类和数量而定，并不是越昂贵、造价越高的贮藏场所越合适。目前，我国主要的贮藏场所有田间地沟、冰窖、窑洞、通风库、冷藏库、气调库、冰温库等。

一般说来，对于计划进行长期贮藏的果品蔬菜，要从采前田间管理开始，在采收、处理、包装、运输等各个环节尽可能按规程进行，使产品保持最好的生理状态、遭受最少的机械损伤，以便使其达到最长的贮藏寿命。

3.2.1 田间地沟

将果蔬直接堆放或装入合适的容器后埋入田间地沟进行贮藏是传统的产地贮藏方法。这种田间地沟的贮藏方式能够充分利用自然低温条件，形式简单、成本低廉，但受气温影响较大，而且不易检查果蔬质量，如有病果蔬或带伤果蔬混入，往往会引起病害扩散，严重时会导致全部果蔬腐烂。这种方法适合于在一些自然冷源相对充沛并能较好利用的地区，主要用于贮藏廉价、耐贮藏的果蔬，如苹果、梨、柑橘、大葱、白菜、生姜、甘蓝、南瓜、马铃薯等。

3.2.2 冰窖

在我国有水源的北方地区，由于冬季可以从江河、水库等获得冰源，保留了传统的贮冰和冰窖贮藏新鲜果蔬的经验。然而，冰块运输笨重，占库容积较大，贮藏量有限，而且劳动强度较大，并受地域、气候的限制，目前生产中应用已经较少。在北方地区，当通风库贮藏后期难以继续维持低温时，可将冰窖中的冰块陆续运到通风库中，并结合风机使冷量在库内循环，以起到辅助吸热降温的作用，能够适当地延长通风库内产品的贮藏时间。

3.2.3 土窑洞

将我国西北地区的土窑洞加以改进，同时利用冬季低温条件，能够有效地保持低温，用于一些耐贮藏果蔬（如苹果、梨）

的贮藏。目前,许多果蔬产地在窑洞内添加机械制冷设备或建立通风体系,有效地提高了土窑洞的控温效果。土窑洞主要用于贮藏保鲜苹果、马铃薯、大白菜等果蔬。

3.2.4 地窖

利用深入地下的地窖进行的贮藏方式称为窖藏。窖的设置有临时、半永久性及永久性之分;按构造分为棚窖、井窖、窑窖3类。

棚窖同沟藏一样,都是建筑在田间的临时性贮藏场所,在我国北方地区,广泛用来贮藏大白菜、萝卜、马铃薯等蔬菜。

3.2.4.1 马铃薯原种贮藏库建设

1. 建设地点

选择马铃薯生产集中,收种、供种方便,地势平坦,交通便利的地方建设贮藏库。

2. 建设面积

新建库容达到1000t的原种贮藏库一座,每座贮藏库建筑面积不低于1200m^2,室内净使用面积不低于1000m^2。

3. 结构及材料

按照马铃薯原种贮藏对温度、湿度等的要求,科学合理、因地制宜地选用半地下式或全地上式砖混或框架结构,采用机械通风与自然通风相结合的方式,保证库内通风良好,库外排水便利。甘肃省陇南市所采用的马铃薯种薯贮藏库平、立、剖面图如图3-2和图3-3所示。

(1)贮藏库顶部处理

要求采用三层材料铺设:最底层保温层,铺设30cm厚的蛭石;中间隔离层加设厚度为0.08~0.12mm的棚膜;顶层防雨层,选用彩钢或其他防雨性能较好的材料建成"人"字形结构,坡度30°。

(2)外墙墙壁厚度要求

可采用12cm墙或24cm墙。12cm墙要求内墙加设1m厚的素土;24cm墙内加设10cm厚聚苯板或其他保温材料,以达到保温要求。

(3)通风要求

库顶部和两端都要求设置通风设施,顶部通风口间距10m,通

(a) 连栋立面图 1:100

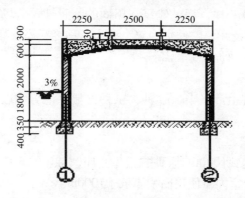

(b) 1-1 剖面图

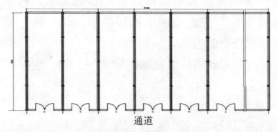

(c) 连栋平面图 1:100

(d) 甘肃省陇南市武都区地上式马铃薯种薯贮藏库

图 3-2 马铃薯种薯贮藏库平、立、剖面图

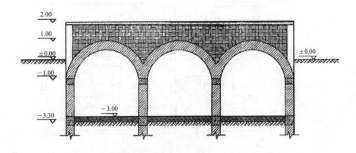

(a) 立面图（单位：mm）

(b) 建设中的马铃薯贮藏库

图 3-3　甘肃省陇南市西和县地下式马铃薯种薯贮藏库

风口行距4m，两端可设40cm×40cm或60cm×60cm的通风口各一个。

3.2.4.2　小型果蔬窖的建造

在地面挖直井筒，在井底再扩大成窖洞的贮藏方式称为井窖贮藏。窖身在地下，受气温影响较小，因此保温性能很好，适合贮藏生姜、甘薯、柑橘等要求较高温度的产品。北方的井窖以山西井窖为代表，南方的井窖则以四川南充井窖最典型。

图3-4为甘肃礼县建造的半地下式土窖，其不仅外形美观、坚固耐用，而且内部保温、保湿效果好，水果和蔬菜存储时间长。

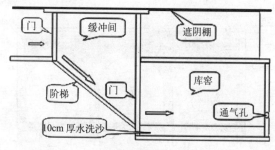

(a) 半地下式土窖结构示意图

(b) 半地下式土地上部分

图 3-4　甘肃礼县半地下式土窖

3.2.5　通风库

通风库是我国南北方果蔬贮藏保鲜的传统设施和贮存场所，有地面通风贮藏库、半地下通风贮藏库和地下通风贮藏库3种形式，其内具有隔热保温效能良好的库房，并设置有较为完善而灵活的通风系统。在外界气温低时，通过导气设备将库外低温空气导入库内，再将库内热空气、乙烯等不良气体通过排气设备排出库外。在白天气温高时，关闭通气孔，防止热量进入，从而保持产品较为适宜的贮藏环境。目前，许多通风库设置了温控系统，使自动控温功能大大提高。总的来说，通风贮藏库仍然是依靠自然温度调节库内温度，因此，主要适合于寒冷地区。

3.2.6　简易贮藏的管理要点

1. 选择合适的入贮期

过早入贮气温太高容易腐烂，过迟入贮则果蔬在田间易受冻。

2. 把好产品入贮的质量关

对入贮产品要严格挑选，或先经预贮一段时间，剔除伤病产品后，再正式入贮。

3. 做好贮期管理

贮期管理的主要工作为覆盖物的调节、通风量的调节以及产品检查。管理要点为：

①入贮初期贮藏堆或窖顶少盖或不盖干草、泥土等覆盖物，充分通风以迅速除去入贮产品的田间热，使温度降下来。随气温下降，逐渐加覆盖层以利保温。

②窖藏应注意通风，在入贮初期可把风口全打开，充分利用夜间低温来降温，以后随季节推移，灵活控制风口的数量、打开程度、日夜通风时间，以维持适宜温度并使窖内换气。此外，还常按气温和季节变化在简易贮藏设施侧面设风障或荫障，以辅助保温或降温。例如，在贮藏初期，可在南面设荫障挡住直射阳光，以利降温；而进入严冬后，可将同一荫障移到北侧作为风障。

③对于人员可以进出的贮藏设施，还应经常检查贮藏产品的质量，发现腐烂严重或者冻害等问题时，应及时处理或终止贮藏。

3.3 果蔬产地贮藏保鲜

产地贮藏是我国的传统方法，如四川的地窖、湖北的山洞贮藏柑橘，山东等地的地窖贮藏苹果等。其包括多种形式，如土窑洞加机械制冷、简易节能库、复合节能冷库、柑橘改良通风库、苹果常温双相变动气调库等。目前，这些节能贮藏体系已在各种蔬菜中应用。

（1）控气贮藏

用0.025mm厚的聚乙烯薄膜袋封闭贮藏蔬菜，在0~5℃、空气相对湿度90%~95%、氧气含量3%、二氧化碳含量5%~7%的条件下，蔬菜可贮藏70天。控气贮藏能明显抑制蔬菜腐烂、变软。

（2）小包装贮藏

将适时采收的蔬菜经挑选后装入聚乙烯薄膜小袋中，每袋

1~1.5kg，封闭后置于-1℃条件下，可保存2~3个月。

(3) 冰窖贮藏、冷藏

该法是我国传统的自然低温贮藏法。北方于大寒前后人工采集天然冰块或洒水造冰。冰块大小为0.3~0.4m厚，长宽各1m，贮于地下窖中，待夏季蔬菜成熟时用于贮藏降温。

选耐藏性较好的蔬菜，适时无伤采收，预冷后装箱运往冰窖。窖底及四壁留0.5m厚的冰块，将菜箱堆码其上，一层菜箱一层冰块，并于间隙处填满碎冰。堆好后顶部覆盖厚约1m的稻草等隔热材料，以保持温度相对稳定。

该法可将8月下旬入贮的鲜果菜贮至立冬，如移入普通窖内继续贮存，则可贮至元旦。冰窖贮藏时应注意封闭窖门，尽量将窖温控制在-0.5~1℃。

3.4 控温贮藏保鲜

控温贮藏保鲜是指采用现代设备控制降低果蔬贮藏环境的温度使其满足贮藏的条件，又叫冷藏保鲜。冷藏是现代化水果蔬菜贮藏的主要形式之一，它是采用高于水果蔬菜组织冻结点的较低温度实现水果蔬菜的保鲜，可在气温较高的季节周年进行贮藏，以保证果品的周年供应。低温冷藏可降低水果蔬菜的呼吸代谢、病原菌的发病率和腐烂率，达到阻止组织衰老、延长蔬菜贮藏期的目的。但在冷藏中，不适宜的低温反而会影响贮藏寿命，丧失商品及食用价值。防止冷害和冻害的关键是按不同水果蔬菜的习性严格控制温度，冷藏期间有些水果蔬菜如鸭梨需采用逐步降温的方法以减轻或不发生冷害。此外，水果蔬菜贮藏前的预冷处理、贮期升温处理、化学药剂处理等措施均能起到减轻冷害的作用。

近年来，冷藏技术的新发展主要表现在冷库建筑、装卸设备、自动化冷库方面。计算机技术已开始在自动化冷库中应用，目前在日本、意大利等发达国家已拥有10座世界级的自动化冷库。

我国常用的机械冷藏库和冷库的分类详见表3-1。

第3章 果蔬贮藏保鲜技术与设施

我国常用机械冷藏库和冷库级别　　　表 3-1

规模分类	库容量（t）	库容积（m³）
大型机械冷藏库	>10000	
大中型机械冷藏库	5000～10000	
中小型机械冷藏库	1000～5000	
小型机械冷藏库	<1000	
大型冷库	>1000	>5000
中型冷库	100～1000	500～5000
小型冷库	50～100	250～500
微型冷库	10～50	50～250

机械冷藏库按照建筑规模可分为4类。冷库的分类按库容大小可分为大型冷库、中型冷库、小型冷库和微型冷库，习惯上把库容1000吨以上的称为大型库，小于千吨而大于百吨的称为中型库，百吨以下的库称为小型库。乡村最适于建10～100吨的小型冷库。

冷库按库温高低可分为低温库和高温库。果品蔬菜保鲜一般用高温库，最低温度−2℃；水产、肉食类保鲜库是低温库，温度在−18℃以下。库内冷量的分配形式有排管冷库和冷风机冷库两种。果蔬保鲜适用冷风机冷库，俗称冷风库。

按库房的建筑方式冷库可分为土建冷库、装配冷库和土建装配复合式冷库。土建冷库一般是夹层墙保温结构，其占地面积大，施工周期长。装配式冷库由预制保温板组合而成，其建设工期短，可拆卸，但投资较大。土建装配复合式自动冷库是一种新式的经济型冷库，库房承重及外围是土建结构，保温结构由聚氨酯喷涂发泡或聚苯板（聚苯乙烯泡沫塑料板的简称）装配而成；其中聚苯板保温的土建装配复合式自动冷库最经济实用，是乡村建冷库的首选形式。

根据中国国情和现行经济体制，乡村建10～20吨的小型冷库最合适。该种冷库投资在2～4万元左右，一般农户能够接受。

这种小冷库容量小、出入库方便、降温迅速、容易控制、温度稳定、耗电少、自动化程度高,就像家用空调和冰箱那样容易操作。多个小冷库建在一起可形成小冷库群,总容量可达数百吨、上千吨,总投资与同等规模的大型冷库、中型冷库相近,但保鲜产品种类和品种更多,更便于依产品设置保鲜温度;这是大容量冷库不易做到的。如一个小农场,建十余个容量10~20吨的小冷库,就能保鲜贮藏数种产品,贮藏苹果时库温应控制在0℃左右,青椒、西红柿等控制在10℃左右。短期贮藏的产品可早出库,长期贮藏的产品集中在一个库中。

3.4.1 微型冷库

微型冷库是一种家庭式机械恒温库。它具有建造快、造价较低、操作简单、性能可靠、自动化程度高、保鲜效果良好等特点。其也是便于产地农民、小型果蔬批发市场中转的果蔬保鲜场所,可有效地调节果蔬淡旺季供应,实现园艺产品的减损增值。

3.4.1.1 微型冷库的特点

总体来讲,微型库有以下主要特点:

(1)实用性与可靠性强

微型冷库在进行设备配置时,充分考虑到了农村、农户、小型批发市场、流通商场的使用特点,以及维护管理水平和电网电压情况,采用进口全封闭制冷压缩机,主要控制元件通常也采用国外产品,运行安全可靠,无故障运行时间长,如进行科学合理的维护和使用,设备5年无需维修。

(2)造价低廉

建造一座容积为100m³左右的微型冷库,采用砖混结构,库体造价约2~2.5万元,设备投资2万多元,合计4~4.5万元。其可贮藏苹果及葡萄等水果2万千克左右,青椒等蔬菜1万千克左右。如果利用旧房或仓库等场所改建,大约可以减少土建费用的30%左右。微型冷库投资少、见效快,用户当年建造可当年受益。

(3)自动化程度高

系统采用微电脑控制,在-5~15℃范围内可任意调温,且控温准确,控温温差≤±0.5℃;其次还可根据实际需要设定冲霜时间和冲霜间隔,实现自动冲霜。

(4) 易于操作管理

机组操作简单,有自动和手动双位运行功能,设有多种自动保护装置,同时配有电子温度显示,方便用户观察库内的温度。正常使用时像冰箱、空调一样方便,无需专人看护。

(5) 节能降耗

由于微型冷库在库体和制冷系统设计时采用了优化设计,把机械制冷与充分利用自然冷源相结合,所以可节能省电。

3.4.1.2 微型冷库的运行管理

微型冷库的常规管理工作主要是调节控制库内温度、空气相对湿度并适时进行通风换气。

(1) 微型冷库温度调控

冷库温度的调节是通过自动控制来实现的。果蔬入库前2~3天要将库温降到适宜的温度。果蔬入库期间,应避免库温出现较大的波动。入满库后,要求48小时内降到技术规范要求的温度。正常贮藏情况下,库温变化幅度不得超过1℃。

库内的温度和入贮后的果蔬的温度常受到下列因素的影响,需要综合考虑并加以注意:①果蔬入库时的温度与库温之差。该差值越小越好,在允许的情况下,可通过调整采收时间、入库时间及库外降温等方法,尽量减少带入库内的田间热。②制冷压缩机的制冷量与冷库的贮藏量是否相匹配。在设计上,一方面应配置适宜制冷量的压缩机,另一方面可通过增加冷库单位容积的蒸发面积来使之匹配。③果蔬入库量。冷库在设计上对每天的入库量是有一定的限制的,通常要求每天的入库量占总容积的15%左右,这样才不会使库温波动太大。④码垛密度。密封的容器、包装纸或塑料袋包装的果蔬,如果码垛过密、容器之间无足够空隙,则其不宜散热,尤其是处于货堆中心的果蔬,其温度在较长时间内降不下来;因此,一定要注意留有通风散热的空隙。

(2) 微型冷库内相对湿度的控制

制冷设备运行时,由于蒸发器不断地结霜,操作管理者要经常将霜融化并将霜水排走,这就会引起冷库内空气相对湿度降低。因此，制冷系统设计时要求有较大的蒸发面积，使蒸发器表面的温度和库温的差值较小，以减少结霜。目前多数冷库没有安装自动加湿装置，当湿度不足时，仍是通过地面洒水和喷水的方法部分弥补湿度的不足。目前简单有效且常用的保持产品新鲜度的方法，仍是结合产品的贮藏特性，利用适宜规格和厚度的聚乙烯薄膜进行覆盖或包装，比如采用大帐、小包装或单果包装。

(3) 库内货物的堆码

微型库内空间有限，因而必须合理使用，以提高库房利用率。货物的堆码必须确保牢固、安全、整齐、通风，便于出入和检查；货物堆码的主风道方向应和库内冷风机的出风方向相一致。要求货物离墙距离20cm，距送风道底面距离50cm，距冷风机周围距离1.5m，垛间距离0.2～0.4m；根据库内情况留有一定宽度的主通道，通常为0.8～1.0m；如果采用货架，货架间距离0.7m左右；地面垫木高度0.12～0.15m。

(4) 冷库通风换气

果蔬呼吸作用放出的二氧化碳及其他多种有害气体，在库内积累的浓度过高时，会引起果蔬的生理代谢失调，以致产品腐坏变质，同时这对进库操作人员的安全性也会造成威胁。因此，对果蔬贮藏而言，通风换气十分必要。除严寒季节在白天进行通风换气外，其他季节应在气温较低的夜间和清晨进行通风，以尽量减少外界温度对库温的影响。在通风换气的同时，要开启制冷机，以减免库内温度的升高。

(5) 产品出库前的逐步升温

从0℃的冷库中取出的产品，与周围的高温空气接触，就会在其表面凝结水珠，既影响外观，又容易受微生物侵染而发生腐烂；因此，经冷藏的果蔬，在出库销售前最好预先进行适当的升温处理，再送批发或零售点。

3.4.1.3 微型节能冷库的应用前景

微型库多数由农民和果蔬经营流通者建造和管理使用。对农民来讲，容易实现自种自贮，可以克服大中型商业冷库为保证贮运质量所面临的一系列问题，不仅有利于保证精细采收及时贮藏，将机械损伤减少到最低程度，而且采收后能及时入库预冷和分级进行保鲜处理，贮藏管理细致，并可根据市场需求及时决策出入库等。对果蔬经营流通者而言，建造微型库投资少，应用方便灵活。

通过发展微型节能冷库，可引导农民和农产品贮运企业走产贮销一体化的道路，并逐步形成"小群体、大基地"的产业化格局。随着我国经济的迅猛发展、人民生活水平的显著提高及菜篮子工程的实施，果品、蔬菜生产已成为我国农业的支柱产业。而我国目前冷藏设施严重不足的现状已明显影响到果蔬保鲜产业整体水平的提升和规模的扩展。因此，根据各地实情发展不同类型的冷藏设施，是参与国际果菜大流通的必要条件。让农民自己建库，将自种的果蔬经过精细采收、预冷、贮藏保鲜后，由运销公司统一调运，既能有效地把住贮运质量关，增加农民收益，又能将农民的采后收益反哺于采前，形成产前、产中、产后收益互补的良性循环，促进农产品优质化。在今后一段时间之内，微型节能冷库将对促进我国农业生产效益的稳步增长，实现农业增产、农民增收具有重要作用，其推广应用前景十分广阔。

3.4.1.4 微型冷库的建造

微型节能冷库由贮藏间、缓冲间和机器房3部分组成。其通常为地上式建筑，南北走向，北开门为主，采用砌筑式砖混结构，也有建成土木结构的。以库容积120m^3的微型库为例，建筑参考尺寸为进深（净尺寸）7~7.5m，开间（净尺寸）5~5.5m，净高度3~3.2m。根据目前的建筑材料价格，建造一个120m^3的微型冷库（不含制冷设备），造价约2.2~2.5万元。

1. 微型冷库隔热材料的选择和使用

隔热层是冷库土建工程的核心，构筑隔热层就要选用隔热材料。实践中用户经常要问：隔热材料种类很多，到底哪种最好？回答应该是：在达到保温性能和满足使用要求的前提下，力争因地制宜、就地取材、降低造价。这说明常见的保温材料如膨胀珍珠岩、膨胀蛭石、稻壳、锯末、矿棉、岩棉、聚苯乙烯泡沫塑料、硬质聚氨酯等都是保温材料的选择范围。如某些地区膨胀珍珠岩和膨胀蛭石产量大、价格低，可优先选用；在水稻产区，也可使用稻壳。聚苯乙烯泡沫塑料（简称苯板）具有隔热性能好、不易吸湿、耐低温、使用方便、建造快等优点，近年来在微型节能冷库上应用最为普遍；所用苯板应阻燃，要求容重≥18kg/m³，表面光洁、平整，边沿整齐，参考价格350元/m³。聚氨酯是目前常用保温材料中保温性能最为优良的材料之一，高质量聚氨酯的性能指标为：导热系数为0.021~0.024W/（m²·K），容重30~45kg/m³，抗压强度1.6~2.5kg/m³；现场发泡喷涂聚氨酯每立方米的造价约为1200元左右。

在选择膨胀珍珠岩、膨胀蛭石、稻壳等松散型隔热材料时，必须做好隔气防潮层，否则会因隔热材料吸湿使冷库的保温性能迅速降低，通常是在围护墙体的内侧粘贴"三油两毡"，在内衬墙的外侧粘贴"两油一毡"。

在选择聚苯乙烯泡沫塑料做保温层时，因其吸湿性小，采用大棚膜做隔气防潮层即可。关键是苯板和墙壁、苯板和苯板之间的粘合要做好。可使用兄弟牌粘结剂或聚氨酯粘合剂，如用热沥青粘贴时，必须使用软化点低的石油沥青（道路石油沥青），以防苯板受热变形。在聚苯乙烯泡沫塑料外可抹水泥面层，为使水泥面与泡沫塑料板牢固结合，必须先在泡沫塑料板上粘一层网眼小于1cm²的塑料网布，再将水泥（加一些胶）抹在塑料网布上，这种方式最近在许多城市的商品房建筑设计上采用。

2. 微型冷库制冷设备的配置

用户在建造微型节能冷库时，对设备的型号和性能十分关注。这是因为匹配合理、性能可靠的机组，才能满足产品所要求的制冷量和贮藏工艺的要求，并且运行可靠、节能省源、故障率低。制冷机组按所使用的压缩机的封闭方式，可分为开启式、半封闭式和全封闭式3类。所谓开启式，是指压缩机曲轴的功率输入端伸出曲轴箱外，通过皮带轮或联轴器和电动机相连接。这种类型的机组，由于轴封处易泄露，阀片、活塞环等易损部件需经常更换，皮带传动功率损耗多、振动大，易造成连接处泄漏等缺点，已不在微型冷库上使用。半封闭式机组和全封闭式机组，不存在轴封泄漏问题，易损部件的质量好、耐磨损，功率损失少，无故障运行时间长，所以，推荐作为微型冷库的配套设备。特别是全封闭机组，其主要组成部件通常由国外进口，性能可靠、自控程度高，是用户选择的理想机型。

微型冷库专用设备组成与匹配微型库专用设备的匹配标准尚处于研究总结阶段，根据国家农产品保鲜工程技术研究中心（天津）近5年来推广应用微型冷库的经验，结合国内外冷库设计标准，以及我国南北方气候特点、保鲜产品技术要求、库体热工性能设计等多种因素，初步试用如下标准：

（1）南方地区

长江以南地区或所贮藏的果蔬需要度过夏季的地区（如蒜薹），每立方米库容积所需制冷量（标准工况制冷量）应$\geqslant$70W（60kcal/h），最好采用水冷机组。

（2）北方地区

长江以北地区或所贮藏的果蔬不需要通过夏季的地区（如葡萄），单位库容积所需制冷量（标准工况制冷量）应$\geqslant$58W（50kcal/h），可采用风冷机组。

3. 智能机组的选择

智能机组自控程度较高，操作简单，便于管理、维护和使用。智能机组通常能比较准确地显示贮藏场所的温度；在果蔬贮藏所要求的温度范围内（一般为$-2\sim15$℃）可调节并实现自动开停；可设定冲霜时间和冲霜间隔，并实现自动冲霜；在电压及运行工况严重偏离正常值时，实现自动报警和保护。

国家农产品保鲜工程技术研究中心（天津）研制开发的BK—系列型保鲜专用设备（微型节能冷库专用设备），已获得国家专利，专利号为ZL98248517.4，此系列保鲜设备就属于智能机组，设备的技术参数参见表3-2。设备采用进口全封闭压缩机，全电脑控制，数显测温，自动开停（$-5\sim15$℃范围内可调），根据设定的时间和间隔自动冲霜，在特殊情况下可报警并自动停止运行。

微型库专用设备的技术参数（国家保鲜中心专利产品）　　表3-2

贮藏量（水果）（万kg）	库容（m³）	型号	配套设备	冷量（kcal/h）	电压（V）	电机功率（kW）
0.8～1.2	60	BK-60B	进口全封闭分体型	2900	220/380	2.5
1.5～2.0	90	BK-90B	进口全封闭分体型	6450	380	4.0
2.0～2.5	120	BK-120B	进口全封闭分体型	7000	380	4.0
3.5～4.0	160	BK-160B	进口全封闭分体型	8600	380	6.0
5.0～6.5	200	BK-200B	进口全封闭分体型	10000	380	7.0
5.0～6.5	200	BK-200BE	分体双温一拖二型	10000	380	7.0
7.0～9.0	300	BK-300	进口全封闭分体型	15000	380	8.0
10～12	400	BK-400	进口半封闭分体型	20000	380	10.0
12～15	500	BK-500	进口半封闭分体型	25000	380	11.5

3.4.2 小型冷藏库

随着城乡居民生活水平的提高，日常生活对蔬菜的需求量越来越大。与此同时，随着农民种植蔬菜积极性的提高，种植面积在不断扩大，产量在不断地提高。尽管农民的收入有所增加，然而由于受气候的影响、生产条件的限制，蔬菜生产的淡、旺季十分明显，淡、旺季的市场价格差别极大。因此，农民建一个小型冷藏库贮藏蔬菜，可充分利用时间差赚取收入。

3.4.2.1 小型冷藏库建造的注意事项

建小型蔬菜冷藏库应考虑以下两个方面的内容：

（1）选好地理位置

要选择种菜农户比较集中的地区建库，生产蔬菜的农户越多，在同等市场价格的条件下，才能确保冷藏库有足够数量的蔬菜贮藏，避免冷藏库闲置或需出高价收购蔬菜的情况。其次，建库时应靠近公路、铁路、水路等交通要道，这样有利于蔬菜的运输、销售，可以降低蔬菜的贮藏、运销成本。选择既靠近蔬菜生产地又靠近城市市场的位置建库,不仅有利于蔬菜的收购,还有利于销售,通过降低收购和销售成本,提高冷藏库营运的经济效益。

(2) 确定规模要适度

初建蔬菜冷藏库时可能会受经营管理能力的限制,所以规模不宜过大,但也不能太小,太小不能达到增收的目的。要根据当地蔬菜的来源确定冷藏库规模。否则,规模大了无法收购到所需数量的蔬菜,冷藏库就会造成闲置浪费。

3.4.2.2 现代化低成本自动果蔬冷库的建造

1. 产地建造果蔬冷库的参考标准

冷库的基本组成包括制冷系统、电控装置、有一定隔热功能的库房及附属建筑物。

制冷系统保证库房内的冷量供应,由电控装置控制。具有一定隔热性能的库房存放农产品,可最大限度地防止冷量外导和库外热量向内传递。

制冷设备的主体是制冷机,按制冷剂分有氨机和氟机两种。氟机多利用对环境影响小的制冷剂R22和其他新型制冷剂,体积小、噪声小、安全可靠、自动化程度高、适用范围广,适于乡村小型冷库用。

制冷机与冷凝器等设备组合在一起称做制冷机组,有水冷机组和风冷机组之分。小型冷库以风冷机组为首选形式,它有简单、紧凑、易安装、操作方便、附属设备少、故障率低等优点。

制冷机组中的制冷机常用压缩式,其中又分为开放式、半封闭式和全封闭式。全封闭式压缩机体积小、噪声低、耗电少、高效节能,是乡村小冷库的首选机。由全封闭式压缩机为主构成的风冷式制冷机组,可做成像分体空调那样的形式,挂装在墙壁上。

目前从发达国家进口或中外合资生产的全封闭制冷压缩机质量比较可靠,但价格相对于国产机偏高50%以上。

2. 现代化低成本自动果蔬冷库的特点和实例

(1) 低成本经济型现代化冷库的特点

①投资适中,比全套引进的同类库低30%以上。按近年的经济

水平平均计算，冷库整体（含设备）吨容量造价不高于3000元，每立方米容积（含设备）造价低于700元。

②土建和附属建筑物等可因地制宜建造，占地面积小，造价低。如小型冷库不建专用机房，保温工程用聚苯板装配，热工性能优良。库体造价每立方米容积低于200元。

③制冷设备噪声小、耗电少、安装简便。如新型、风冷、高效、低噪声的壁挂式制冷机组即是其代表。

④全自动化、高精度控制，控温精度在0.5℃以上，可使小冷库实现免守。

⑤控制系统保护功能完备，如超压、欠压保护，稳压控制，相序保护，温度、压力超限保护等。

⑥故障率低。运行安全可靠，用户可免检维修。无环境污染。

⑦运行费用低。

⑧货物进出、贮放方便，可以多种类、多品种同时存贮，机动灵活。

建立低成本经济型现代化冷库，规模越大，相应的造价越低。

（2）低成本经济型现代化冷库建造实例

现以山东省果树研究所开发研制的、适于果蔬产地建造的低成本经济型现代化冷库为例加以说明，共有3种不同类型的冷库。

1）土建装配复合式挂机自动冷库

墙体和屋顶为砖混结构，将隔热保温材料粘贴在房屋的内壁上，库容100吨以下。如TZFGZ—10型小冷库，容量10t，容积60m³左右。该种冷库的保温材料采用聚苯保温板，保温工程的造价约7000元，制冷工程造价约2万元，全部工程（包括施工费、安装费）完成后支付不超过2.7万元。

此外还有TZFGZ—20土建装配复合式挂机自动小冷风库，容量20t，容积110m³左右，保温工程需1万余元，制冷工程不超过3万元。工程总费用约4万元左右。

上述两种库型的土建房屋同一般民房，只是不设窗户，只留门洞。10t库如同一间大民房，20t库加1倍即可。建房时根据当地标准以最经济实用的方式建造，不拘形式，只要不漏风雨，坚固牢靠即可，每立方米容积土建造价约80元。

TZFGZ系列土建装配式挂机自动冷库的制冷系统配置FGQW系列挂机，10t库配用FGQW—301或FGQW—302；20t库配置FGQW—501或FGQW—502。完全自动化运行。

2）TZDGZ系列筒子房多挂机自动化冷库

该冷库由240mm砖墙加楼板建成，宽3～4m、长20m以上、高3m以上，两端各留一个门或一侧留两个或多个门。其保温结构与TZFGZ系列冷库相同，可用多层聚苯板复合装配。制冷设备也选用低噪声、高效的FGQW系列挂机，不需专门机房，多个挂机和电控箱悬挂在库房的一侧。每个挂机与库房内的冷风机为一独立系统，可根据需要开启不同的挂机台数。如集中入库时可将全部挂机投入工作，以迅速降温；维持库温阶段或低温季节，可部分挂机工作，以减少电耗，降低运行费用。

筒子房多挂机自动化冷库可作为预冷车间，一端进货快速冷却，另一端出货入贮。

3）YGXZ系列移动式挂机自动小冷库

通常说的装配式活动冷库移位时需拆卸后在异地重新装配，称不上真正的活动冷库。而YGXZ系列挂机式自动小冷库，可以整体移动，短距离可拖动，长距离可用车辆运输，不需拆卸。安放位置不受限制，果园、菜园、宅院、商业市场都可露天安放。接上电源就能自动运转，就像一个大冰柜，适于保鲜贮藏各种农产品。单位库容量成本与TZFGZ系列冷库相近，远低于集装箱式冷库。

目前YGXZ系列移动式挂机自动小冷库的代表型号为YGXZ—81和YGXZ—5D1。前者容量8t，用于果品、蔬菜保鲜最低使用温度-5℃；后者设计容量5t，为肉食、水产、果品蔬菜兼用型，低温可到-18℃。

3.4.2.3 现代化低成本自动果蔬冷库的验收和使用要点

冷库的制冷设备和电控系统安装完毕后，便进入系统调试阶段，一般由专业人员操作，达到设计要求后，交由库主验收。验收内容包括设备安装是否牢固；管道、线路是否整齐安全；电控箱仪表电器是否正常显示数字和能否正常开启、关闭；制冷设备是否正常运转，风机转向是否正确，挂机噪声是否过大，有无杂音和振动；最关键的是降温速度。按设计要求，TZFGZ系列冷库、TZDGZ系列冷库、YGXZ系列冷库的空库降温指标为春、秋季节库内气温降至0℃应在2小时以内；夏天应在10小时以内。降温速度越快越好。

TZFGZ系列冷库、TZDGZ系列冷库和YGXZ系列冷库都配有自动化程度很高的控制箱。制冷系统有自控和手控两套装置。通常情况下使用自控系统，特殊情况下也可以使用手控系统。自控系统都配置了高精度数字或智能化测温控温仪表，可自动控制要求的库温范围。例如，要求库温在-1~1.5℃时，调节仪表上限1.5℃，下限至-1℃，打开自控挡，制冷设备就在库温达到1.5℃时开机，降至-1℃时停机，自动循环。高温冷库库温在-5℃至室温范围内，低温冷库库温通常设为-18℃左右。温度上下限可根据需要任意设定，但要注意上限值一定要高于下限值。库内的温度在控制箱上以数字形式显示，不需入库观测，从仪表上即知库内温度。

控制箱设有霜温指示，低至结霜温度时，自动除霜系统开启即进行自动化霜。如果采用手动化霜形式，需关闭制冷系统，使冷风机的霜层融化成水，通过化霜管排出库外。化霜完毕后及时关闭化霜系统，恢复制冷。

现代化冷库虽可全自动运行，但也要经常巡视，观察电源电压、库温、霜温、排气压力表、吸气压力表等是否正常，发现异常情况及时处理，以免造成损失。通过制冷机组上的排气压力表和吸气压力表可判断制冷机是否运转正常。使用R22制冷剂的高温库，排气压力一般在0.6×10^6~1.5×10^6Pa，吸气压力一般在0.2×10^6~0.4×10^6Pa。排气压力和吸气压力低于正常值时，说明制冷剂不足，若吸气压力低于0.15×10^6，可能是冷风机霜层太厚。夏季排气压力超高时，是因冷凝器翅片太脏，要及时清理。制冷机的排气和吸气压力接近时，说明压缩机未启动。上述情况一旦出现，处理越及时，损失越小。

自动化小型冷库问题较多的是手动化霜。冷风机是库内最冷的部位，空气中的水蒸气（热空气比冷空气含的蒸气多）遇冷时，多余的水蒸气凝结成水，在温度很低的冷风机排管上冻结。冷风机上出现薄薄的白霜时，说明制冷状况良好；但过多的积霜则阻碍通风，必须立即清除，否则制冷系统无法正常运行。库内空气和产品的水分蒸发、库内泼水、频繁开启库门致热空气进入过多、保温隔湿效果不好等都会促使霜冰形成。最易结霜的时段是农产品刚入库的时候，特别是高温高湿的产品，在降温过程中最易结霜。

3.4.3 机械冷藏库

机械冷藏库是在有良好隔热性能的库房中安装机械制冷设备，根据果蔬贮藏的要求，借助机械冷凝系统的作用，控制库内的温度及湿度。将库内的热量传递到库外，使库内的温度降低并保持在有利于水果和蔬菜长期贮藏的范围内。机械冷藏库冷藏的优点是不受外界环境条件的影响，可以终年维持产品所需要的温度。冷库内的温度、空气相对湿度和通风都可以控制调节。但是机械冷藏库是一种永久性的建筑，费用较高，因此在建库之前应对库址的选择、库房的设计、冷凝系统的选择和安装、库房的容量等问题进行仔细考虑；同时也要注意到将来的发展，尽管冷库有许多优越性，但是水果和蔬菜都是活的有机体，冷藏的寿命还是有限的。

机械冷藏库的出现标志着现代化果蔬贮藏的开始，由此大大减少了果蔬采后损失。近20年来，我国果品蔬菜的机械冷藏发展非常迅速，据不完全统计，目前我国水果贮量约1/3实现了机械冷藏。

3.4.3.1 机械冷藏原理

水果和蔬菜进入冷库时带有大量田间热和呼吸热，此外，库体的漏热、包装箱携带的田间热以及灯光照明、机械和人员操作所产生的热负荷都需要排除，以便维持冷库中的低温，这个过程是通过制冷剂的状态变化来完成的。机械制冷的工作原理是利用制冷剂从液态变为气态时需吸收热量的特性，使之在封闭的制冷机系统中状态互变，使库内水果和蔬菜的温度下降，并维持恒定的低温条件，达到延缓果蔬衰老、延长贮藏寿命和保持品质的目的。

所谓制冷剂是指在制冷循环膨胀蒸发时吸收热量，因而产生制冷效应的物质。由于冷冻时要求制冷剂在0℃以下依然可以蒸发吸热，所以常用的制冷剂沸点都在0℃以下，并且很多是-15℃或者更低。制冷剂除了沸点低之外，还要求对人体器官无害、对金属不起腐蚀作用、无燃烧及爆炸的危险、不与润滑剂起化学反应、黏度较低、价格便宜。其还应具备良好的蒸发吸热性能，在高压冷凝系统内压力低。当前普遍应用的制冷剂是氨、卤代烃、氯氟碳化物。氨是大型冷藏设备中常用的制冷剂，其价格低廉、沸点低、气化潜热大，但泄漏时对人体皮肤和黏膜易产生伤害，含水时易腐蚀金属，氨与油和空气混合达到一定浓度时有爆炸和燃烧的危险，应当注意避免。由于这些缺点，在近代中、小型制冷设备中，氨多被氟利昂所代替。我国正在积极采取措施，淘汰当前普遍使用的R12、R22等制冷剂，广泛开展CFCS替代物的研究。

3.4.3.2 机械冷藏库的结构

1. 融热和防潮层

冷库除了有良好、牢固的库房框架建筑外，还应有隔热和防潮层。隔热层起隔绝库内外热传递的作用，保证冷库内的适宜低温。隔热材料应选择导热系数小、无臭味、不易吸潮、重量轻、价格低廉且易得的材料。设计人员应根据冷库所处地区的实际情况和具体条件设计合理的隔热层厚度，以保证冷库有效而经济地运转。冷库的六面受外温影响不同，如果冷库顶部隔热层之上加有屋盖，形成一层缓冲空间，隔热层厚度可小一些；长时间受阳光照射的墙面比阴面墙壁的隔热层厚度又需大一些。冷库建筑的地面温度变化也受到地温影响，对隔热层的要求也可灵活处理。

防潮层是冷库结构中另一重要组成部分，缺少防潮层时，冷热空气在隔热层中相遇，达到露点即会凝结成水滴，隔热材料受潮后，隔热性能降低。一般可以在隔热层两面加防潮层，也可只做外防潮层。常用沥青、油毡、塑料涂层、塑料薄膜或金属板做成的防潮层来延长冷库的使用寿命。

2. 制冷系统

制冷系统是冷库最重要的设备，由蒸发器、压缩机、冷凝器、调节阀、风扇、导管和仪表等构成。制冷剂在密封系统中循环，并根据需要控制制冷剂供应量的大小和进入蒸发器的次数，以便获得冷库内适宜的低温条件。制冷系统的大小应根据冷库容量大小和所需制冷量进行选择，即蒸发器、压缩机和冷凝器等与冷库所需排除的热量相匹配，以满足降温需要。蒸发器的作用是向冷库内提供冷量，蒸发器安装在冷库内，利用鼓风机将冷却的空气吹向库内各部位，大型冷藏库常用风道连接蒸发器，延长送风距离，扩大冷风在库内的分布范围，使库温下降更加均匀。压缩机是制冷系统的"心脏"，推动制冷剂在系统中循环，一般中型冷库压缩机的制冷量大约在30000~50000kcal/h范围内，设计人员可根据冷库容量和产品数量等具体条件进行选择。冷凝器的作用是排除压缩后的气态制冷剂中的热，使其凝结为液态制冷剂。冷凝器有空气冷却、水冷却和空气与水结合冷却的方式。空气冷却只限于在小型冷库设备中应用，水冷却的冷凝器则可用于所有形式的制冷系统。制冷机组的制冷量可根据对库内温度的监测，采用人工或自动控制系统启动或停止制冷机运转，以维持贮藏果蔬所需的适宜温度，目前有不少冷藏库安装了微机系统，监测和记录库温变化。制冷剂在蒸发器内气化时，温度将达到0℃以下，与库内湿空气接触，使之达到饱和，在蒸发器外壁凝成冰霜，而冰霜层不利于热的传导，影响降温效果。因此，在冷藏管理工作中，必须及时除去冰霜，即所谓"冲霜"。冲霜可以用冷水喷淋蒸发器，也可以利用吸热后的制冷剂引入蒸发器外盘管中循环流动，使冰霜融化。

3.4.3.3 贮藏期管理

果蔬冷藏的适宜温度因品种而异，大多数晚熟品种以−1~0℃为宜。果实在−1℃（果温）以下，贮藏期虽可以延长，但有的品种经长期低温贮藏后再移至高温处，会降低风味品质。冷库的空气相对湿度以90%为宜。果蔬采收后，必须尽快冷却（预冷至0℃左右），最好在采收后1~2天内入冷库，因为采下的果实在气温21℃下延迟1天，在0℃下就会减少10~20天的贮藏寿命；因此，采后经过分级挑选的果实，入库后3~5天内应迅速冷却到−1~0℃贮藏。

3.5 气调贮藏保鲜

果蔬气调贮藏，是指在冷藏基础上，将果蔬贮藏在不同于普通空气的混合气体中，主要是降低环境中氧气浓度，适当提高二氧化碳浓度，使贮藏环境更有利于抑制果蔬的各种代谢以及微生物的活动，从而保持果蔬的良好品质，延长其贮藏寿命。它是当今国际上广为应用的果蔬贮藏方法，被视为继机械冷藏推广以后，果蔬贮藏上的一次重大革新。

气调库用于商业贮藏在国外已有近70年的发展史，在某些发达国家已基本普及，世界上的气调库在果蔬贮藏中已占到1/3，美国高达75%、法国约占40%、英国约占30%。我国气调贮藏技术起步较晚，20世纪80年代中期至90年代初开始兴建气调库，发展机械气调贮藏。但是由于当时我国在气调库设计、建造、气调设备研制生产等方面尚无成熟经验，总体技术水平还较低，气调库使用中缺乏经验，适宜气调贮藏的高品质果蔬较少，气调水果市场需求量也少，这一时期所建造的气调库大部分没有真正利用起来，这为气调库的后来发展罩上了阴影。一直到现在，仍然有一部分人甚至少数专家认为机械气调在中国不可行，应该继续发展小包装贮藏。然而机械气调贮藏技术在世界范围内毕竟是非常成熟又广泛应用的保鲜新技术，我国初期发展虽然遇到了暂时困难，但到了20世纪90年代中后期，时机、条件均已成熟，该项技术又蓬勃发展起来。这一时期，在许多果蔬产地如在山东胶东又新建了部分气调库，而且得到了很好的利用，既提高了果蔬贮藏质量，又产生了很好的经济、社会效益，初步体现了机械气调发展的良好前景。最近几年，山东省每年改建及新建气调库约3万吨，发展十分迅速。许多恒温库也正在计划发展机械气调。

随着全球经济一体化和我国国民经济的发展，人们对果蔬保鲜的质量要求会越来越高，果蔬气调贮藏将会在我国有更快的发展。

3.5.1 气调贮藏的形式及特点

1. CA气调贮藏保鲜（Controlled Atmosphere Storage）

CA气调贮藏保鲜也即机械气调贮藏，是指利用机械设备，人为地控制贮藏环境中的气体，实现水果蔬菜保鲜。CA气调贮藏有两种形式，即CA大帐气调大帐贮藏和CA库（气调库）贮藏。气调库要求精确调控不同水果蔬菜所需的气体组分浓度及严格控制库内温度和湿度。温度可与冷藏库贮藏温度相同，或稍高于冷藏的温度，以防止低温伤害。气调与低温相结合，保鲜效果（色泽、硬度等）比普通冷藏好，保鲜期明显延长。我国气调贮藏库保鲜正处于发展阶段，自1978年在北京建成我国第一座自行设计的气调库以来，广州、大连、烟台等地相继由国外引进气调机和成套的装配式气调库，用来保鲜苹果、猕猴桃、洋梨和枣等果蔬产品。

2. MA气调贮藏保鲜（Modified Atmosphere Storage）

也称简易气调、塑料薄膜袋气调保鲜、MA自发气调保鲜，是靠果蔬自身呼吸降低环境中氧气浓度，提高二氧化碳浓度的一种气调方法。其在我国企业中应用最为普遍。气调包装系指根据食品性质和保鲜的需要，将不同配比的气体充入食品包装容器内，使食品处于适合贮藏的气体环境中，以延长其保质期。常用的气体主要有二氧化碳、氧气，有时也会使用二氧化硫和二氧化氮。二氧化碳的作用是抑制需氧菌和霉菌的繁殖，延长细菌的停滞期和延缓其指数增长期；氧气的作用是维持新鲜水果蔬菜的吸氧代谢作用。水果蔬菜采摘后过快的有氧呼吸和无氧呼吸都会使水果蔬菜发生老化和腐烂，合理控制环境中氧的浓度，可使蔬菜产生微弱的有氧呼吸而不产生无氧呼吸，因此，水果蔬菜MA气调保鲜中氧气与二氧化碳的配比是一个关键因素。处于包装内的水果蔬菜通过呼吸作用消耗氧气并放出二氧化碳，气调包装材料可排出二氧化碳并补充所消耗的氧气，即实现包装的渗透速度与蔬菜呼吸速度相等，防止无氧呼吸的产生。另外，水果蔬菜在低温时的呼吸强度较低，为减少蔬菜的耗氧量，MA气调包装保鲜一般都在0～5℃温度条件下贮藏。

目前，国际市场水果蔬菜的MA气调包装主要有两种：一种是被动气调包装，即用塑料薄膜包裹水果蔬菜，借助其呼吸作用来降低包装内氧气含量并通过薄膜交换气体来调节氧气与二氧化碳的比例；另外一种是主动气调，即根据不同水果蔬菜的呼吸速度充入混合气体，并使用不同透气率的薄膜，但由于技术较复杂且对包装材料的品种及性能要求较高，在我国还未获得广泛应用。国外在包装材料方面则领先很多，开发出如防止水果蔬菜水分蒸发的防湿玻璃纸、高阻气性的聚丙烯、防止水果蔬菜产生机械损伤的收缩材料等。

3. 塑料薄膜帐气调贮藏保鲜

这种方法是将水果蔬菜放在用塑料薄膜帐造成的密封环境中实现气调保鲜。气调的方法分为两类，一是自然氧法，通过水果蔬菜的呼吸作用，使帐内逐步形成所需低氧、高二氧化碳气体浓度，由于塑料薄膜具有一定的透气性，从而实现简易调气；还可利用具有选择性透气的硅橡胶薄膜，在帐上开一定面积的窗口来自动调气，为防止二氧化碳过多积累，可在帐内用硝石灰来吸收二氧化碳。另一方法为人工降氧法，即利用降氧机、二氧化碳脱除机来调气。此方法主要在美国、法国和前苏联有应用。目前，我国上海、天津、辽宁、山东、陕西和北京等地早已开始使用。

CA气调大帐、CA气调库、MA气调贮藏的主要优缺点对比如表3-3所示。

CA 气调库贮藏、CA 气调大帐贮藏、MA 气调贮藏的主要优缺点比较　表 3-3

技术管理内容	CA 气调库贮藏	CA 气调大帐贮藏	MA 气调贮藏
气体浓度	可以人为控制，达到理想气体指标	可以人为控制，达到理想气体指标	依靠自身呼吸，不能人为控制，气体指标有时达不到要求
果蔬的气调安全性	安全	安全	有时气体中毒；有时氧气浓度高，二氧化碳浓度低，引起老化，也加重长霉
温度管理	正常管理	库房温度更低，一般较 CA 库、MA 贮藏低 2~3 摄氏度	正常管理

续表

技术管理内容	CA气调库贮藏	CA气调大帐贮藏	MA气调贮藏
湿度管理	通过先进的加湿设备和其他技术，贮藏环境中的相对湿度完全能符合果蔬贮藏的要求	湿度符合要求，不需加湿	湿度符合要求，不需加湿
贮藏效果	能达到理想贮藏效果	能达到理想贮藏效果（包括蒜薹）	蒜薹等少部分品种在有些年份能达到理想贮藏效果，但效果亦不稳定
机械化程度	进出库一般机械作业，效率高，劳动强度小，用人少，机械伤少	进出库可以机械作业，也可以人工搬运	一般人工搬运
库房利用率	高	较保鲜袋贮藏高	低
入库检查	不很方便，有严格要求，须带氧气瓶；时间也受限制	方便，不受限制	方便，不受限制
出库要求	一次出完最好，每次尽量多出库。出库时因开库门易破坏环境中的气体成分	灵活方便，不同大帐间互不影响	灵活方便
投资	最大	较小	小

三种贮藏方式各有其优缺点，气调库和气调大帐贮藏效果最佳。综合考虑，资金充足，可以一步到位，直接建造现代化气调库。资金紧张，可以分两步走，先以较少的投资增加气调设备，用大帐贮藏，以后再改造库体，建成气调库。

3.5.2 气调技术的优越性

气调贮藏的优越性主要表现在如下方面：

①气调贮藏可以明显延长果蔬贮藏期。蒜薹如果不采用MA气调，温度、湿度即使控制再好，贮藏两个月也就明显老化，商品价值大大降低；但用MA气调贮藏8个月，品质仍然很好，如若使用CA气调贮藏，质量可进一步提高。

②气调贮藏可以很好地保持果蔬硬度，防止果蔬变软。这是因为它能抑制果胶酶的活性，从而抑制了果胶的降解。红星苹果即使放于冷库中贮藏，3个月后硬度也会明显下降，口感大不如

前；但如采用机械气调贮藏，至第二年5~6月份，其仍保持原有的品质和硬度。

③气调贮藏可以很好保持原果色泽。绿色辣椒冷藏十几天，就开始变红，但用气调贮藏，可以明显抑制其变红。冬枣采后变红现象非常明显，用气调贮藏同样可以得到明显抑制。

④气调贮藏可以明显降低果蔬的呼吸强度，降低糖、有机酸和其他风味物质的消耗，保持果蔬风味。苹果冷藏至第二年3月份，酸度已明显下降，风味已大大降低，但如若采用气调贮藏，至第二年5~6月份，酸度仍然较大，原果风味得以保持。

⑤气调贮藏可以明显抑制霉菌生长，减轻腐烂。蒜薹MA贮藏中，破袋后，长霉早而且严重。

⑥气调贮藏可以抑制果蔬发芽。板栗、洋葱用气调贮藏，均可以取得很好的抑芽效果。

⑦气调贮藏有后效，可以明显延长货价期。冷藏果蔬出库后，特别是在常温下，品质会迅速下降，腐烂也很快，但气调果出库后，品质下降缓慢，有较长的货价寿命。

⑧气调贮藏可以明显抑制乙烯的产生。有一些果蔬如猕猴桃、桃，其自身产生乙烯量大、对乙烯又很敏感，采用气调贮藏可以明显延长其贮藏期。

⑨气调贮藏可以抑制果蔬褐变。如桃子，利用气调贮藏可以有效地抑制果肉褐变。

气调贮藏的优越性还不止如此，采用气调技术会带动企业质量意识、原料收购标准、设备装备水平、市场理念、管理水平。这些变化产生的效益可能还会远远大于气调技术本身产生的效益。当然气调技术并不是万能的，一方面有它的局限性，有一些果蔬，如柑橘，气调效果不明显；另一方面，应用不好会带来副作用，甚至会产生很大的经济损失。苹果的气调贮藏非常成功，效果很好，但如果气体指标不合适，则会产生低氧伤害或高二氧化碳伤害；冬枣的气调贮藏要求更严；蒜薹是比较耐低氧和高二氧化碳的，但每年均有中毒的现象，因蒜薹气体中毒给企业造成的经济损失全国年均不低于千万元；采用机械气调贮藏，就可以很好地避免以上这些损失，因为环境中的O_2浓度和CO_2浓度可以人为控制。

3.5.3 气调库的特点及建造

3.5.3.1 气调库的主要特点

气调库是在果蔬冷库的基础上逐步发展起来的，一方面与果蔬冷库有许多相似之处，另一方面又与果蔬冷库有较大的区别，主要表现在：

(1) 气调库必须具有气密性

这是气调库建筑结构区别于普通果蔬冷库的一个最重要的特点。普通冷库对气密性几乎没有要求，而气调库对于气密性来说至关重要。这是因为要在气调库内形成要求的气体成分，并在果蔬贮藏期间较长时间地维持设定的指标，就要减免库内外气体的渗气交换，气调库就必须具有良好的气密性。

(2) 气调库在设计中必须考虑其安全性

这是由于气调库是一种密闭式冷库，当库内温度升降时，其内气体压力也随之变化，常使库内外形成气压差。据资料介绍，当库外温度高于库内温度1℃时，外界大气将对维护库板产生40Pa的压力，温差越大，压力差越大。此外，在气调设备运行、加湿及气调库气密性试验过程中，都会在维护结构的两侧形成气压差。若不将压力差及时消除或控制在一定范围内，将对维护结构产生危害。为此，通常在气调库上装置气压平衡袋和安全阀，将压力限制在设计的安全范围内。

(3) 气调库多为单层建筑

一般果蔬冷库根据实际情况，可以建成单层或多层建筑物，但对气调库来说，几乎都是建成单层地面建筑物。这是因为果蔬在库内运输、堆码和贮藏时，地面要承受很大的荷载，如果采用多层建筑，一方面气密处理比较复杂，另一方面在气调库使用过程中容易造成气密层破坏。所以气调库一般都采用单层建筑。较大的气调库的高度一般在7m左右。

(4) 利用空间大

气调库的有效利用空间大，也称容积利用系数高，有人将其描述为"高装满堆",这是气调库建筑设计和运行管理上的一个特点。所谓"高装满堆"是指装入气调库的果蔬应具有较大的装货密度,除留出必要的通风和检查通道外,尽量减少气调库的自由空间。因为,气调库内的自由空间越小,意味着库内的气体存量越少,这样一方面可以适当减小气调设备,另一方面可以加快气调速度,缩短气调时间,减少能耗,并使果蔬尽早进入气调贮藏状态。

(5) 快进整出

气调贮藏要求果蔬入库速度快,尽快装满、封库并调气,让果蔬在尽可能短的时间内进入气调状态。平时管理中也不能像普通冷库那样随便进出货物,否则库内的气体成分就会经常变动,从而减弱或失去气调贮藏的作用。果蔬出库时,最好一次出完或在短期内分批出完。

(6) 库内传热温差小

为了减少库内所贮物品的干耗,气调库内传热温差要求在 $2\sim3℃$,也就是说气调库蒸发温度和贮藏要求温度的差值要比普通冷库小得多。只有控制并达到蒸发温度和贮藏温度之间的较小差值,才能减少蒸发器的结霜,维持库内要求的较高相对湿度。所以,在气调库设计中,相同条件下,通常选用冷风机的传热面积都比普通果蔬冷库冷风机的传热面积大,即气调库冷风机设计上的所谓"大面积低温差"方案。

3.5.3.2 气调库的结构设计及建造

一座完整的气调库由库体结构、气调系统、制冷系统和加湿系统构成。

气调库的建筑结构可分为砌筑式(土建)、彩镀夹心板装配式和夹套式3种。砌筑式气调库的建筑结构基本上与普通冷藏库相同,用传统的建筑保温材料砌筑而成或者将冷藏库改造而成。在库体的内表面增加一层气密层,可将此气密层直接敷设在围护结构上。这种砌筑式气调库投资省,但施工周期长。彩镀夹心保温板由于是工厂化生产的库体材料,在施工现场只需进行简单的拼装,建设周期短,投资比砌筑式略高,而其施工较砌筑式方便可靠。夹套式气调库一般是在原冷藏库内加装一层气密结构,降温冷藏仍用原有的设施,气调则在这层气密结构内进行。

气调库都应由取得一定资质的专业设计单位进行设计,千吨以上的大中型气调库应包括气调间、预冷间、常温穿堂、技术走廊、整理间、制冷和气调机房及控制室、变配电间、泵房及月台等。此外还应有办公室、库房、质检室、道路、围墙等辅助设施。

3.5.3.3 建气调库的主要设备

建造气调库的全套设备应包括制冷设备、制氮设备、加湿设备、二氧化碳和乙烯脱除设备、控制和检测系统等。

(1) 制冷设备

气调库的制冷设备大多采用活塞式单级压缩制冷系统,以氨或氟利昂-22作制冷剂。库内的冷却方式可以是制冷剂直接蒸发冷却,也可采用中间载冷剂的间接冷却,后者用于气调库比前者效果理想。因为中间载冷剂更便于控制供给冷风机的液体温度,仅需在供液管道上装一个回流的行程控制三通阀,就能满足同时实现不同库房内不同温度的要求。在贮藏容积较大的情况下(通常在500t以上),应优先选用氨制冷设备,贮藏容积较小时,可采用进口全封闭和半封闭氟制冷机组。

气调库中良好的空气循环是必不可少的。在降温过程中,英国推荐的循环速率范围为:在果蔬入库初期,每小时空气交换次数为30~50倍空库容积,所以常选用双速风机或多个可以独立控制的轴流风机;在冷却阶段,要求风量大,冷却速度快,当温度下降到初值的一半或更小后,空气交换次数可控制在每小时15~20次。

一个设计良好的气调库在运行过程中,可在库内部实现小于0.5℃的温差。为此,需选用精度大于0.2℃的电子控温仪来控制库温。温度传感器的数量和放置位置对气调库温度的良好控制也是很重要的。最少的推荐探头数目为:在50t或以下的贮藏库中放3个,在100t库中放4个,在更大的库内放5个或6个。其中一个探头应用来监控库内自由循环的空气温度,对于吊顶式冷风机,探头应安装在从货物到冷风机入口之间的空间内,其余的探头放置在不同位置的果蔬处,以测量果蔬的实际温度。

(2) 制氮设备

目前用于气调库上的制氮设备主要包括两大类:一类是采用变压吸附原理进行氧氮分离的碳分子筛制氮机,第二类是利用特制膜对空气中各组分的选择透过性不同而进行分离的中空纤维制氮机。两者的工作原理参见图3-5、图3-6。碳分子筛制氮机的主要优点是:价格较低、配套设备投资较小、运行费用低、对原料气体要求不太严、更换碳分子筛简单;缺点是:设备占地面积大、噪声也较大。中空纤维膜制氮机的突出优点是:设备结构紧凑、制造精细、运行平稳、操作简便,如果能严格按操作规程使用,无故障运行时间较长;缺点是:价格较高、保养维护要求严格。

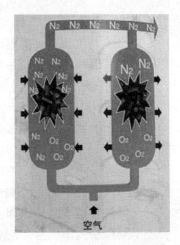

图3-5 碳分子筛制氮机原理图

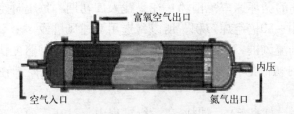

图3-6 中空纤维膜制氮机原理图

(3) 加湿设备

应用于气调库较理想的加湿设备有超声波加湿器、水汽混合加湿器和离心雾化加湿器。最常用的是水汽混合加湿器,但是这种加湿器在贮藏冬枣等需要$-2 \sim -3$℃低温的果蔬时,常遇到管路冻结现象。

3.5.3.4 气调库建筑特有的设施

(1) 气调门

每个气调间都要设置一扇气调门。库门是气调库容易产生泄漏之处，为保证库门和库体之间的密封，可以将库门的高弹力耐老化气密条做成充气式，这种方式密封性好，但使用较麻烦。通常所见的气调库门是在精细制作的冷库门的基础上加一扣紧装置，封门时用此装置紧紧地将门扣在门框上，借密封条将门缝封死，在门下落扣紧的过程中，门下面的密封条与地面压紧而密封。门的启闭一般采用手动推拉平移方式。由于气调门应具有良好的保温性和气密性，其表面可用不同的气密材料（如彩镀钢板、不锈钢板、镀锌钢板、铝板等）封闭，中间的空隙用硬质聚氨酯泡沫塑料发泡填充密实。

为了满足各种气调库的使用要求，按照门洞的大小气调库门可分为小型库门、中型库门和大型库门，其规格见表3-4。

气调门的规格　　　　表3-4

库门名称	小型库门	中型库门	大型库门
适用条件	人工搬运	通行手推车	通行电瓶叉车
门洞尺寸宽（mm）×高（mm）	900×2000	1200×2000	1500×2200
门扇规格宽（mm）×高（mm）	1080×2180	1380×2180	1680×2380

(2) 观察窗

在气调库封门后的长期贮藏中，一般不允许随便开启气调门，以免引起库内外气体交换，造成库内气体的波动或出现意外。为了使管理人员可以清楚地观察到库内果蔬贮藏情况、冷风机结霜和融霜情况、加湿器运行情况，通常在每个气调间设置一个观察窗。观察窗可以直接设置在气调门上。形状可为方形或圆形，方形观察窗一般为双层真空透明玻璃窗，圆形观察窗一般做成拱形以扩大观察视线。

(3) 安全阀

在气调库密封后，保证库内外压力平衡的安全阀也是气调库必不可少的特有的安全设施。安全阀可以防止库内产生过大的正压和负压，使维护结构和气密层免遭破坏。气调库中通常使用水封式安全阀，其是利用水封原理制成的，具有结构简单、工作可靠的特点。水封式安全阀的工作原理也很简单，当气调间的气体压力因某种原因（如库内外温度的变化、加湿系统的工作或气调机的开启）发生变化，库内外压差大于水封柱高时，安全阀将起作用直到气压差值等于或小于水封柱高时为止。为此，安全阀的水封柱高应严格控制，不能过高或过低，过高易造成维护结构及气密层的破坏；过低虽然安全，但安全阀频繁启动，使库外空气大量进入，造成库内气体成方的波动。在气调库中一般水封柱高调节在20mm较为适宜。

3.6 臭氧保鲜

臭氧保鲜技术是将臭氧气体应用在冷库中进行蔬菜保鲜贮藏的一种方法。在世界范围内，将臭氧在冷库中应用已有近百年的历史。1909年，法国德波堤冷冻厂使用臭氧对冷却的肉杀菌；1928年，美国人在天津建立"合记蛋厂"，其打蛋间就用臭氧消毒。我国应用臭氧冷藏保鲜起步晚，随着臭氧发生器制造技术的完善，臭氧在冷库中应用将会越来越广泛。

臭氧在蔬菜水果贮藏中，除了具有杀灭或抑制霉菌生长、防止产品腐烂和除臭作用之外，还具有推迟后熟、防止老化等保鲜作用，同包装、冷藏、气调等手段一起配合提高保鲜效果。其机理是臭氧可以氧化分解果蔬呼吸出的催熟剂——乙烯气体（C_2H_4），同时乙烯中间产物对霉菌等微生物也具有抑制的作用。此外，由于臭氧具有不稳定性且其分解的最终产物是氧气，在所贮食物果品里不会产生有害残留。有研究表明，臭氧可使蔬菜、饮料和其他食品的贮藏期延长3~10倍。在实际应用中，臭氧发生器应安装在冷库上方，或自下向上吹；果蔬的堆码要有利于臭氧与果蔬的接触和扩散。

臭氧在冷库的杀菌、保鲜、防霉上分3个阶段，即空库杀菌、消毒，入库杀菌、保鲜和日常防霉。冷库设计的目的是减少霉菌、酵母菌造成的产品腐烂，果蔬入库前应对冷库进行消毒。空库消毒安排在入库前3~6天，将臭氧发生器开机24小时，反复消毒，臭氧浓度大约保持在2~10mg/kg，入库前1~2天停机封库，在气调设备正常运转后，每一时段根据提供的技术资料定量加入一定浓度的臭氧即可。入库预冷杀菌由于冷风机一直开动难以建立起臭氧浓度，这时应将臭氧发生器放在库内距冷风机最远端，此时产生的臭氧借助冷风机带动空气流动而与果蔬表面接触，起到部分杀菌作用；在装袋前可一直开臭氧，由于贮量大、空气流动，库内臭氧不会达到2.5mg/kg的伤害浓度。日常防霉对于气调库与气调大帐要在调节补充空气时同步通入臭氧，应选用有压力、臭氧浓度适中的臭氧源。

同时果蔬的包装要有利于其与臭氧的接触和臭氧的扩散，纸箱侧面的孔要打开，不要码成大垛。日常防霉时气调库与气调大帐要用管道送入臭氧，山东绿邦公司研制的NPF、NP、NPS系列发生器即满足这种要求，可通过管路向气调库或气调大帐中输入臭氧，小包装袋可通过硅窗或开袋换气前使用开臭氧杀菌、去除异味。实际应用证明，臭氧可强烈抑制蒜薹薹苞腐烂扩展；如有霉烂发生，可使其直接暴露在臭氧下杀菌抑制其扩展，苹果、梨及葡萄等水果应用臭氧效果很好，间断应用浓度不超过2.0mg/kg时对上述水果没有任何伤害。臭氧防霉在保鲜的蔬菜水果出库后一段时间内仍保持保鲜作用。

臭氧保鲜的应用原则：①用臭氧杀菌消毒，针对不同目的、不同品种要有不同的浓度要求。在时间允许的情况下，应尽量选择较低浓度，但也不能过低，低于0.1×10^{-6}mg/kg时对微生物没有杀灭作用；②臭氧气体比重是空气的1.72倍，为扩散均匀，臭氧保鲜机应安装在贮藏库上方，果蔬的堆码要有利于臭氧接触和扩散；③应用臭氧的环境空气相对湿度应在60%以上，低于45%时臭氧对空气中的微生物几乎没有杀菌作用,空气相对湿度越高臭氧的杀菌效果越好;④操作人员应避免长时间与臭氧接触,但短时间接触臭氧不会对人体造成伤害。

臭氧保鲜的注意事项:

①应选择无变质腐烂、无破损、刚采摘且新鲜的果蔬产品进行贮藏。

②采摘后、贮存前用浓度3mg/L臭氧水清洗水果蔬菜,去除蔬菜表皮上的细菌及农药残留。

③水果蔬菜洗净入库过程要尽量保证洁净,时间越短越好。入库后,尽量避免人员进入,而且保证库的密闭性,避免二次污染。

④正确选择臭氧发生器保鲜机。臭氧保鲜机发生器按结构分为"开式"和"标准式"两种。"开式"发生器适用于房间内水果蔬菜的储藏保鲜,"标准式"发生器适用于水处理方面。较大空间的库房应选择强制扩散的"开式"保鲜机发生器。保鲜机供臭氧量以1000^3库房25g/h为选择标准。

3.7 果蔬保鲜剂的应用

在果蔬的运输和贮存过程中,为了达到防腐保鲜的效果,多用物理保藏法,如气调冷藏等,但贮藏库和制冷机械设备需要较多的资金投入,运行成本较高,且贮藏库房运行要求有良好的管理技术;因此使用食品添加剂对果蔬进行防腐保鲜不仅方便更能节省成本。

3.7.1 果蔬保鲜剂的分类

果蔬保鲜剂可分为以下5类:

1. 化学防腐保鲜剂

这类试剂主要以液体浸泡、喷布或气体熏蒸的方式抑制或杀死果蔬表面的微生物,从而起到防腐保鲜的作用。根据防治功能,化学防腐保鲜剂又可分为防护型化学防腐保鲜剂、广谱内吸型防腐保鲜剂、熏蒸型防腐保鲜剂。

(1)防护型化学防腐保鲜剂

如邻苯酚钠（SOPP）、联苯（DP）等，可防止病原微生物从果皮损伤部位浸入果实，但这类杀菌剂不能抑制进入水果内的微生物，可与内吸式杀菌剂配合使用，效果较好。

(2) 广谱内吸型防腐保鲜剂

主要为苯肼咪唑类杀菌剂，前期上市的有多菌灵、托布津、噻菌特（如美国生产的45%特克多悬浮液）等。此类保鲜剂对侵入果蔬的病原微生物效果明显，操作简便。近年来国内外已开发出安全、低残留的防腐保鲜剂，原先的纯化学药剂只能以低浓度与现有保鲜剂配合使用，起辅助增效作用。

(3) 熏蒸型防腐保鲜剂

此类保鲜剂在室温下挥发，以气体形式抑制或杀死果蔬表面的病原微生物，因而对果蔬毒害较少。目前较常用的有二氧化硫释放剂、联苯二氧化氯等，前者应用较多，以焦亚硫酸钾为主剂制成片剂进行熏蒸，通过抑制多酚氧化酶活性而防止产品褐变，但熏蒸浓度要适当，浓度过高会造成二氧化硫残留。

2. 天然防腐保鲜剂

天然防腐剂也称天然有机防腐剂，是由生物体分泌或者体内存在的具有抑菌作用的物质，经人工提取或者加工而成为食品防腐剂。此类防腐剂为天然物质，有的本身就是食品的组分，故对人体无毒害，并能增进食品的风味品质，如酒精、有机酸、甲壳素和壳聚糖、某些细菌分泌的抗生素等都能对食品起到一定的防腐保鲜作用。为了适应人们崇尚自然、健康的思想，开发应用高效安全的食品防腐保鲜剂已成为当今世界食品保鲜剂重要的研究领域。据有关资料证实，在人们长期食用的食品中，天然保鲜剂成分的毒性远远低于人工合成的保鲜剂。因此，近年来从自然界寻求天然保鲜剂的研究已引起各国科学家的高度重视。各国开发的大量天然保鲜剂产品受到人们的普遍欢迎。

我国对天然防腐保鲜剂的研究起步较晚，采用的材料主要是芸香科、菊科、樟科的食用植物香料或魔芋、高良姜等中草药制剂及荷叶、大蒜、茶叶、葡萄色素等提取物。目前我国在此方面的研究已取得较好的成效，如中科院武汉植物研究所从73种植物的173个抽提物中筛选出代号为EP的猕猴桃天然防腐保鲜剂，贮藏猕猴桃5个月，好果率在85%以上且果实品质较佳。该研究成果已在国际同类研究中处于领先水平。

3. 生理活性调节剂

目前研究应用的生理活性调节剂主要分生长素类、赤霉素类、细胞分裂素类等。柑橘、葡萄用生长素类物质浸果，可降低果实腐烂率，防止落蒂；赤霉素类（GA）调节剂可阻止组织衰老、果皮褪绿变黄、果肉变软；胡萝卜素可抑制乙烯对作物呼吸的刺激作用，在柑橘、芒果、杏、葡萄、草莓的保鲜上效果显著；细胞分裂素（如BA）有保护叶绿素、抑制衰老的作用，可用来延缓绿叶蔬菜（如甘蓝、花椰菜等）和食用菌的衰老。此外，像油菜素内酯、茉莉酸及其甲酯（JA-ME）、水杨酸（SA）等调节物质在果蔬和花卉的保鲜、抗病等多方面也取得较满意的效果。许多植物生理活性调节剂作为果蔬保鲜剂在延缓果实软化衰老方面效果显著，但有些生理活性调节剂对人体健康和环境有负面作用，已被限制使用，使用时应谨慎选择。

4. 涂膜保鲜剂

涂膜保鲜剂主要为涂于果蔬表面的蜡或膜类物质。因其造价低，可美化商品和不同程度的微气调作用而在不少国家得到广泛应用。我国20世纪80年代引进这项技术，现已研制出自己的涂膜保鲜剂，如中国林科院林化所研制的紫胶水果涂料、中国农科院研制的京2B系列膜剂，它们在某些方面已超过进口果蜡。此外，广西化工所研制的复方卵磷脂保鲜剂，用于鲜橙贮藏，保鲜效果明显。

20世纪80年代起国外兴起了可食膜的研究。根据所含成分，可食性涂膜保鲜剂大致分为水溶性被膜、脂溶性被膜和复合型被膜。英国研制的由羧甲基纤维素与脂肪酸酯乳剂制成的水溶性复合被膜，可延长柑橘、苹果、香蕉、梨等果实的贮藏寿命。美国从干酪和植物油中提取的乙酰单酸甘油酯而制成的一种特殊覆盖物，透明可食，无薄膜气味，粘贴于切开的果蔬表面可降低脱水70%左右，还可防止微生物侵入、水果变黑等。

5. 乙烯吸收剂及抑制剂

乙烯被誉为果蔬成熟激素，可降低果蔬贮藏性，因此在果蔬保鲜中必须尽量除去乙烯或抑制其作用。此方面常见的保鲜剂有乙烯吸收剂和乙烯抑制剂两大类。

(1) 乙烯吸收剂

经过大量试验，目前已确认高锰酸钾具有良好的乙烯吸附效应，并已在商业上投入使用，常以多孔物质（蛭石、珍珠岩、沸石、活性炭、分子筛等）为载体，将高锰酸钾溶液吸附其中。如果在多孔载体上加一些触媒物质（Ca_5O_3、Al_2O_3、Cr_2O_3等金属氧化物或其盐）作为乙烯分解催化剂，效果更好。高锰酸钾长时间吸收乙烯被还原，可在阳光下晒后继续使用。目前，常见的商品乙烯吸附剂有PM保鲜剂、高效乙烯吸附剂、活性炭等。

(2) 乙烯抑制剂

主要通过与果蔬发生一系列生理生化反应来阻止内源乙烯的生物合成或抑制其生理作用。故分为乙烯生物合成抑制剂和乙烯作用抑制剂两类。

乙烯生物合成抑制剂主要通过抑制乙烯生物合成中两个关键酶的活性，即ACC合成酶(ACS)和乙烯形成酶(EFE)而抑制乙烯的产生。目前，有效抑制ACS活性的抑制剂主要为氨基乙氧基乙烯基甘氨酸(AVG)和氨基乙酸(AOA)，其在苹果、葡萄和一些花卉的保鲜上效果显著。此外，像Ni^{2+}、Co^{2+}等自由基清除剂（如苯甲酸钠）、解偶联剂（如PNP）、多胺等均可显著抑制EFE的活性，降低ACC向乙烯的转化力。

乙烯作用抑制剂是通过自身作用于受体而阻断其与乙烯的正常结合，抑制乙烯所诱导的成熟衰老过程。近年来，国外研制出一种新型乙烯受体抑制剂——1-MCP（1-甲基环丙烯），其有明显的抑制乙烯合成的作用。有些传统乙烯抑制剂基于对健康、环境等因素的考虑，已大大限制了其在商业上的应用。人们预测，1-MCP在花卉保鲜上将成为STS的替代品，它不但能强烈阻断内源乙烯的生理效应，还能抑制外源乙烯对内源乙烯的诱导作用。目前，人们对1-MCP的研究尚处早期阶段，许多问题有待于进一步研究。

3.7.2 国外天然果蔬保鲜剂的应用

果蔬保鲜剂可分为两大类,即化学合成和天然果蔬保鲜剂。长期以来,人们主要采用化学合成物质作为保鲜剂对贮藏的果蔬保鲜,虽有较好的保鲜防腐效果,但很多化学合成物质对人体健康有一定的不利影响,甚至出现致癌、致突变毒性。因此,人们开始将注意力转向天然果蔬保鲜剂的开发与研究,几年来取得了可喜的成果。

1. 雪鲜果蔬保鲜剂

雪鲜(SnowFresh)是美国研制的一种新型的高效多功能果蔬保鲜剂,可延缓新鲜果蔬的氧化作用和酶促褐变,对于去皮、去核后的半成品的保鲜具有较好的效果,据试验,至少可在5日内保持其色泽和组织形态,比现在通常使用的亚硫酸盐好得多。雪鲜由焦磷酸钠、柠檬酸、抗坏血酸和氯化钙4种安全无毒的成分组成,且无异味。

雪鲜使用方法简便,在室温下将定量雪鲜(白色粉末)直接加入自来水中,配制成浓度为1%~3%的溶液,混合1分钟以上即可供浸渍果蔬用,浸渍时间为0.5~3分钟。使用中应当天配制,并应随时补加雪鲜,保持一定浓度,维持其最佳效果。

2. 森柏保鲜剂

森柏保鲜剂(TemperFresh)是英国森柏生物工程公司研制的一种无色、无味、无毒、无污染、无副作用、可食的果蔬保鲜剂,广泛应用于果蔬的保鲜,并在花卉保鲜上也取得了成功。森柏保鲜剂是由植物油和糖组成的化合物,其活性成分是"蔗糖酯",其他成分是纤维素、食油等。该保鲜剂是通过抑制果蔬的呼吸作用和水分蒸发而得到其效果的。其目的是让果实休眠,使它放慢老化或成熟的速度。一般光皮瓜果蔬菜,使用浓度为0.8%~1.0%;粗皮水果可适当增大浓度;而草莓及叶菜类蔬菜可适当降低浓度。具体使用浓度是:苹果0.8%~1.0%、梨0.8%(剪掉梨柄)、柑橘1.0%~1.5%、香蕉1.2%。另外,陕西农科院对草莓、樱桃、杏等水果均作了试验,效果很好。葡萄使用森柏保鲜剂时,通常要在树上进行保鲜(七至八成熟时使用,3~4天后采摘），浓度0.8%~1.0%；瓜类一般使用浓度为0.6%~1.0%；番茄为0.8%左右；豆角、辣椒等蔬菜为0.8%~1.0%。

森柏保鲜剂可在阴凉干燥处无限期保存，配好的液体可保存5天。使用前先将保鲜剂按比例溶解在水中，过一夜后使用，可保证粉末完全扩散开。将选好的果蔬在其溶液中浸30秒左右捞出晾干即可。一般1千克保鲜剂可处理苹果28~35t。

3. 节肢动物外壳提取物

节肢动物外壳提取物的主要成分是脱乙酰甲壳素的衍生物，为一种高分子量的多糖。该保鲜剂安全无毒，可被水洗掉，也可被生物降解，不存在残留毒性问题，适用于苹果、梨、桃和番茄等蔬保鲜。用于草莓的防腐保鲜时，将0.1%的脱乙酸甲壳素涂膜，可大大抑制了13℃以下草莓的腐烂，21天后，腐烂率约为对照的1/5，效果优于杀菌剂且无伤害，能使草莓保持较好的硬度。

4. 复合维生素C衍生物保鲜剂

美国科学家在试验中发现，维生素C的衍生物及其化合物可以保持试验中切开的苹果48小时不发生褐变。这种物质的化学成分是维生素C衍生物（如抗坏血酸-2-磷酸盐或抗坏血酸-6-脂肪酸）、肉桂酸、β-环糊精及磷酸钠盐等。此类保鲜剂可用于水果去皮后、加工前的保鲜处理，在罐头、果脯、蜜饯及果汁饮料等生产中可代替亚硫酸盐作为一种无公害、不影响产品味道的保鲜剂被广泛应用。

5. 岩盐提取物

岩盐提取物是从岩石层的矿物盐类中提取出来的一种物质，外观为白色粉末，主要含钙、磷、镁、钠、锰等金属盐类，用于果蔬保鲜。使用时，将10g岩盐提取物加到75L水中，溶解后即可。试验表明，这种保鲜剂用于草莓、杨梅、蘑菇等易腐果蔬的保鲜效果极为显著。岩盐提取物质的另一个优点是可以分解果蔬表面残留的化肥、农药，杀死寄生虫卵。

6. 磷蛋白类高分子蛋白质保鲜膜

磷蛋白类高分子蛋白质广泛存在于动物和植物体中。由于该蛋白质分子中含有大量的亲水基团，成膜后具有适宜的透气性和透水性，且对气体通过具有较好的选择性。水果经浸渍处理可在表面形成一层均匀的膜，膜的厚度可根据果实生理变化的不同在几十微米之间方便地调节。它能显著抑制果蔬的呼吸强度且属无毒类药物。

这种保鲜膜的使用浓度最好为3%～7%，pH值在2.7～8.5之间均可。果蔬经浸渍后，3小时左右即可在其表面成膜。贮藏试验表明，浸渍后金冠苹果贮存5个月，好果率为95%；国光苹果贮存6个月后，好果率达98%。除此之外，该种保鲜膜对于柑橘、香蕉、草莓的保鲜效果也很好。

3.7.3 果蔬涂膜保鲜剂的配制与应用

涂膜保鲜剂保鲜通常是将蜡、天然树脂、脂类、明胶、淀粉等成膜物质制成适当浓度的水溶液或乳化液，采用浸渍、涂抹、喷洒等方法涂敷于果实的表面，风干后形成一层薄薄的透明被膜。其作用是增强果实表皮的防护作用，适当堵塞表皮开孔，抑制呼吸作用、减少营养损耗；抑制水分蒸发，防止皱缩萎蔫；抑制微生物侵入，防止腐败变质。涂膜保鲜剂的作用类似单果包装，但与单果包装相比，具有价格便宜、适合大批量处理、能增加果面光泽、提高商品价值等优点。若在涂膜剂中添加防腐剂、生理活性调节剂等，可进一步提高保鲜效果，涂膜的果实与普通冷库贮存的果实相比，出库后货架期可延长1～2周。

3.7.3.1 蜡膜涂被剂的配置与应用

蜡由高级脂肪酸、高级一元醇的酯和高级烃类所组成，在空气中不容易变质，成膜性好，具有蜡特有的光泽，适于作涂膜剂使用。常用作涂膜剂的蜡有蜂蜡、虫蜡、巴西棕榈蜡等。蜡膜涂被剂的常用配方及使用方法如下：

配方1：①原料配比：蜂蜡300g，阿拉伯胶100g，蔗糖脂肪酸酯5g。②调配与使用：将上述3种原料混合，缓慢加热至40℃，待其成为稀糊状的混合物时即可使用。这种保鲜剂不含有毒物质，使用安全。

配方2：①原料配比：蜂蜡350g，蔗糖脂肪酸酯3g，卵磷脂4g，清蛋白3g，椰子油60mL，水580mL。②调配与使用：将清蛋白浸泡在温水中，加热溶解后加入卵磷脂和蔗糖脂肪酸酯。将蜂蜡熔化后配入椰子油，混合均匀。之后将上述两种液体混合在一起，进行搅拌，乳化分散后即得到所要求的涂膜保鲜剂。这种保鲜剂的特点是具有适度的黏性，成膜性好，使用方便。将鸭梨放在该乳化液中浸渍，取出风干后装箱，置于18℃的室内贮存，30天后检查，果皮光泽自然，果色稍变黄，硬度如初；未使用保鲜剂的对照果，第8天明显软化，尾部表皮皱缩，褪色严重。本制剂各种原料都具有可食性，对人体无害，仅用水洗就可以除去涂膜。此配方的蜡膜涂被剂还可用于禽蛋类保鲜。

配方3：①原料配比：蜂蜡100g、酪蛋白钠20g、蔗糖脂肪酸酯10g。②调配与使用：先将蜂蜡和蔗糖脂肪酸酯溶解在乙醇中，再将酪蛋白钠溶解在水中。两溶液混合后加水至1000mL，快速搅拌，乳化分散后即为所要求的保鲜剂。该保鲜剂具有适宜的黏稠度，用浸涂法施于苹果、梨等果实的表面，风干后即可形成一层保护膜。本制剂各种原料均无毒，使用安全。

配方4：①原料配比：石蜡200g、巴西棕榈蜡3g、烷基磺酸钠10g。②调配与使用：将烷基磺酸钠溶解于适量水中，将巴西棕榈蜡溶解于适量热乙醇中，将石蜡加热熔化，将上述3种液体混合后加水至1800mL，快速搅拌，令其乳化分散，即为所需要的保鲜剂。该保鲜剂成膜性好，有光泽，适用于柑橘、苹果等的涂膜保鲜。

配方5：①原料配比：石蜡100g、环氧乙烷高级脂肪醇8g、山梨糖醇酐脂肪酸酯6g、烷基磺酸钠8g、油酸12mL、水1500mL。②调配与使用：将石蜡熔化，加热至70℃左右将其他各种原料放入混合，再加入温水搅拌均匀，乳化分散后即得到涂膜保鲜剂。该保鲜剂用于瓜果类的保鲜，可抑制呼吸作用和水分散失，减少养分的损耗，防止萎蔫，延迟后熟。该保鲜剂还可用于鲜蛋的贮存保鲜，即用浸涂法处理鲜蛋，晾干后形成一层保护膜，可防止蛋内水分蒸发和气室内气体逸出，并可防止细菌入侵，从而达到保鲜的目的。

3.7.3.2 天然树脂膜涂被剂的配制与应用

天然树脂中，醇溶性虫胶成膜性好，其干燥快、有光泽、在空气中稳定、不溶于水而溶于乙醇和碱性溶液，适合作为涂膜保鲜剂使用。天然树脂膜涂被剂常用配方及使用方法如下：

配方1：①原料配比：虫胶100g、乙醇180mL、甲基托布津0.6g。②调配与使用：将虫胶投入到乙醇中，略加温后搅拌或摇动，以加速溶解，待虫胶溶解降温后加入甲基托布津，摇匀后即得略带棕红色的半透明涂膜剂原料。将此原液加7倍的水稀释，用浸涂法处理苹果、柑橘、雪梨等，或加10倍水稀释后用于处理鸭梨，都能取得满意的保鲜效果。

配方2：①原料配比：虫胶50g、氢氧化钠20g、乙醇80mL、乙二醇8mL、水1500mL。②调配与使用：将虫胶加入到乙醇、乙二醇混合溶液中浸泡，使其溶解，然后加入氢氧化钠水溶液，加热搅拌，使完全溶解的虫胶皂化。将柑橘、苹果、梨等水果放在该溶液中浸渍，取出后风干，即可形成一层透明的薄薄的保鲜膜。

配方3：①原料配比：虫胶50g、氢氧化钠20g、碳酰胺3g、聚乙烯醇5g、过氧化钠0.02g、乙醇100mL、水1500mL。②调配与使用：将虫胶加入到乙醇中浸泡，使其溶解；在氢氧化钠水溶液中加入碳酰胺、聚乙烯醇；将上述两种液体混合后加热并不断搅拌，使完全溶解的虫胶皂化，最后加入过氧化钠。将柑橘等水果放入上述保鲜剂中浸渍，捞出风干后即可形成一层保鲜膜。

配方4：①原料配比：虫胶100g、多菌灵6g、2,4-D1.2g、柠檬酸10g、氢氧化铵适量、水2500mL。②调配与使用：用氢氧化铵将虫胶溶解在水中，加2,4-D、柠檬酸和用油酸溶解的多菌灵。全部溶解后用氢氧化铵调节pH值到8，即得到涂被保鲜剂。将苹果等放在该溶液中浸渍，取出风干后装入果箱中，置于0℃冷库中贮藏。贮存6个月，无病害、无腐烂、色泽光鲜如初，总损耗0.8%。

用上述涂膜剂处理的果实，具备自身愈伤机能，外表光泽美观，可抗组织衰老和延缓后熟，从而达到长期保鲜的作用。适用于柑橘、橙类、苹果、梨等果实的保鲜处理。

3.7.3.3 油脂膜涂被剂的配制与使用

油脂具有油腻性，主要成分是脂肪酸的甘油酯，不溶于水。借助乳化剂和机械力作用，将互不相溶的油和水制成乳状液体制剂，用以涂覆果实，达到长期保鲜的目的。油脂膜涂被剂的常用配方及使用方法如下：

配方1：①原料配比：棉籽油500g、山梨糖醇酐脂肪酸酯5g、阿拉伯胶5g、水1000mL。②调配与使用：先将阿拉伯胶浸泡在水中，待溶胀后加热搅动使其溶解，然后加入山梨糖醇酐脂肪酸酯和棉籽油，加热搅拌使其成为乳化液。将果实在此乳化液中浸渍，取出晾干后形成一层薄膜，即可装箱入贮。用这种方法处理，夏熟蜜柑销售期比对照果延长5倍以上。该保鲜剂无毒、无副作用，具有适度的黏性，成膜性好，使用方便。除用于水果外，还可用于禽蛋类的保鲜。

配方2：①原料配比：豆油400g、脂肪族单酸甘油酯2.5g、酪蛋白钠2g、琼脂1g、水1000mL。②调配与使用：先将琼脂浸泡在温水中，待膨胀后加热化开，然后加入其他原料，快速搅拌后得到乳化液。该保鲜剂光泽自然，原料中不含有毒物质，适用于瓜果类和果菜类果实的贮藏保鲜。将待处理的果实放在上述乳化液中浸渍，取出风干后贮存，保鲜期明显延长。

配方3：①原料配比：甘油一酸酯4g、甘油三酸酯400g、蔗糖月桂酸酯3g、琼脂3g、水600mL。②调配与使用：先将琼脂用温水泡软，加热化开后加入其他成分，快速搅拌得到乳化液。将待处理的果实放在此液中浸渍后捞出，晾干后形成一层保鲜膜，即可入贮。上述保鲜膜除用于水果的保鲜外，还可用于禽蛋类的保鲜，效果更佳。

3.7.3.4 其他膜涂被制剂的配制使用

以淀粉、糊精、明胶和中草药等为原料，也可调制成膜剂使用。

配方1：①原料配比：淀粉100g、碳酸氢钠50g。②调配与使用：先用少许冷水将淀粉化开，倒入10kg沸水中调制为稀糊状，冷却后加入碳酸氢钠，充分搅拌均匀。将柑橘在此浆液中浸渍，捞出晾干后形成一层保护膜，按常规办法包装，置于阴凉处贮藏。该保鲜剂原料易得、价格低廉，调制和使用方法简便。

配方2：①原料配比：百部30g、良姜40g、虎杖30g、糊精15g、卵磷脂3g、水5000mL。②调配与使用：将百部、良姜、虎杖放在砂锅中，加水浸没，用文火煎熬，然后取其汁与糊精、卵磷脂一起倒入热水中，快速搅拌成乳化液。这种保鲜剂以天然物质提取液和食品添加剂为有效成分，食用安全，对人体无害。将苹果、柑橘、番茄、黄瓜、茄子等果蔬放在该乳液中浸渍1~2分钟，晾干后即可形成一层半透明的薄膜。在果蔬的产地贮藏、运输和销售过程中，都能起到保鲜作用。这层薄膜能抑制果实的呼吸强度，减少水分蒸发，增强果实的抗病能力。苹果贮藏7个月，总损耗在3%以下；番茄、黄瓜、茄子可贮藏2个月，保鲜效果良好。

配方3：①原料配比：淀粉45g、苯甲酸钠6g、柠檬酸6g、苯莱特1.5g、2，4-D1g、水4000mL。②调配与使用：将上述各种固体原料放在一起混合，先加200mL冷水调成稀糊状，然后加开水，边加水边搅拌，冷却后即可使用。将柑橘放在该液中浸渍1~2分钟，取出晾干后即可装箱入贮或长途运输。用此种办法处理柑橘果实，既能增加果实光泽，又可在后熟过程中继续转色，防止细胞衰老，减少水分散失，久贮不产生异味，有明显的防腐保鲜作用。

配方4：（按重量比）亚硫酸钾97%、淀粉或明胶10%、硬脂酸钙1%（可在化工商店买到）。将上述原料粉碎后混合，加入少量水，制成0.5g的片剂。将该片剂分散放在盛水果的容器中，8千克水果需加40片防腐剂片。这种保鲜剂可使苹果、柑橘等保鲜半年，损失率不超过5%，不会对水果造成污染，每片保鲜剂成本只有1分钱。

配方5：将100份（按重量计）水性物质（如石蜡）、0.05~5份表面活化剂（如蔗糖、脂肪酸脂、卵磷脂或酪朊酸盐）、0.01~2份水剂性高分子化合物（如阿拉伯胶、糊精、动物胶和白朊）、50~500份水，在室温内混匀，使之成为乳浊液，在100~150℃下（用家用高压锅可达到）加热5~30分钟灭菌处理。待冷却涂一薄层于水果表面（浸涂、喷涂均可）。由于薄膜的隔离和杀菌作用，对水果能起到保鲜的作用。此剂用于蛋类，剂量可大些，高分子化合物多些而水分可少一些；用于蔬菜时，水分可多些，高分子化合物和水性物质适当少些。此法多用于苹果、桃等水果及各种蛋类和块根、块茎、茄果等蔬菜，可提高其贮藏寿命5~7倍。

3.7.3.5 市场果蔬保鲜剂介绍

1. 金菌克——青椒、黄瓜、西红柿、娃娃菜保鲜剂

本品采用国际先进的包埋和缓释技术，利用海生物提取物形成可食性微膜，复配增效剂、CA^{2+}螯合剂、MG^{2+}螯合剂、高效生物防腐剂、天然护色剂、营养强化剂及微量元素，从根本上解决了水果蔬菜保鲜的四大基本要素：微膜、保鲜、去乙烯、营养。其功效如下：

①延长水果蔬菜的保鲜期。通过控制水果蔬菜的呼吸，使水果蔬菜处于"休眠"状态，延缓水果蔬菜采后的生理变化，降低水果蔬菜衰老速度，达到保持水果蔬菜良好品质，延长水果蔬菜保鲜期的作用。

②减少乙烯气体释放。形成的膜具有选择透气性能，能有效地阻止氧气的大量吸入从而减少水果蔬菜乙烯气体的产生数量，降低乙烯气体对水果蔬菜催熟的不利影响，大大减少水果蔬菜氧化褐变的速率。

③保持水果蔬菜硬度。品质上乘的水果蔬菜大都保持着一定的硬度，果实有着脆爽的口感，水果蔬菜品质下降时往往反映出的是果实硬度降低，果肉软化，口感疏松。

抑制原果胶酶的活性，延缓水果蔬菜的软化。通常可使果实的标准硬度延长两倍以上的时间。

④延缓叶绿素的分解速度。水果蔬菜变黄是其开始完熟的重要标志，意味着水果蔬菜的品质开始下降。金菌克可延缓叶绿素的下降。能够使其内部的绿色组织保持得更长久，果品处理后，在市场上摆放时可延长2~3倍的绿色周期。

⑤减少水分蒸发。通过敷涂在水果蔬菜表面形成生物微膜，可以减少水果蔬菜水分的散失，防止果皮起皱萎蔫。不同于其他果品保鲜涂层，金菌克涂层微孔透气，可解决使用果蜡处理果肉容易发酵变味、不能长期贮存的难题，并且它不会阻隔二氧化碳从果实中挥发，不会导致水果蔬菜感染和变味。

⑥降低水果蔬菜的低温伤害。金菌克形成的微膜可以保护水

果蔬菜免受低温造成的损害，特别是热带水果蔬菜，如菠萝、芒果等一般难在低于0℃的条件下贮藏，如果使用金菌克特效保鲜产品则可以解决这一难题。

⑦维持糖酸度的平衡。水果蔬菜呼吸时有机酸作为呼吸基质而被消耗掉，因此，水果蔬菜中有机酸的含量以及有机酸在贮藏过程中消耗速度的快慢，也作为判断水果蔬菜成熟度的一个标志。使用本品可以维持水果蔬菜最适合的糖酸比例，这样水果蔬菜将可以更长久地保持其新鲜度。用苹果做含酸量的测试，苹果经过处理后，有机酸的消耗是6%，而没有处理的对照果有机酸的消耗量是25%。

⑧减少擦伤褐变、封锁有害菌毒从而防止传播危害，并防止发霉。金菌克形成的微膜可以把果品、蔬菜整体封闭包裹保护起来，减少水果蔬菜的表皮在搬运过程中的碰撞和擦伤以及因此而引起的褐变腐烂，同时也可封锁局部有害菌毒、防止其传播和危害相邻的其他产品（发现后处理也有控制作用）。

⑨能够保持水果蔬菜的自然光泽，无蜡质感，同时还可以增加水果蔬菜的光亮度（不同于果腊的耀眼光泽），使果实光亮艳丽且更加自然。

2. 果蔬涂膜保鲜剂

果蔬涂膜保鲜剂为淡黄色粉末，是天然、安全、高效的复配防腐剂，其防腐机理是在果蔬表面形成壳聚糖膜从而达到保鲜的效果。

（1）产品功能

①广谱性。本产品是扩大抗菌谱、协同提高抗菌效果、安全性高的优良防腐保鲜剂。对霉菌、酵母菌抑菌效率很强。通过添加成膜助剂、控制成膜条件，在果蔬表面涂覆或直接成膜而形成的一层极薄、均匀透明和具有多微孔通道的保鲜膜，从而控制果蔬的呼吸环境，达到自发气调保鲜的目的。而且由于壳聚糖及其衍生物具有防腐抗菌作用，又可诱导果实产生自身抗性，包括活化植物细胞膜上的蛋白质激发酶，使细胞内的酶产生磷酸化反应从而提高酶活性；启动植物防御系统并产生植物干扰素、酚类复

合物等抗病物质，对病原菌产生抑制作用。只需向果蔬中涂膜千分之一即可达到抗菌、保鲜的效果，同时搭配抗氧化剂使用效果更加显著，且含有多种酯类，在保证抑菌不受PH值影响的同时，还能起到增香、增鲜的效果。

②安全性。本产品均由多种食品添加剂复配而成，为可食性涂膜保鲜剂，在果蔬表面的用量小，并且防腐保鲜剂中各成分的用量和水洗后残留量均低于美国香味料和萃取物质制造协会（FEMA）规定的最高用量。

③实用性。果蔬在运输过程中不可避免地受到物理因素的影响，进而导致微生物的入侵，使用本防腐保鲜剂能保证水果和蔬菜的水分、口感及色泽不受太大的影响。由于其安全性、高效性和方便性，也大大降低了运输成本。与不添加的果蔬相比，可有效延长货架时间7～15天。

(2) 使用方法

①将本产品溶解成液体并根据果蔬的品种不同配置成不同的浓度比；②采用涂膜果蔬的方法，均匀地覆盖果蔬；③参考用量：0.6%～1%（即：每100L水中溶解0.5～1kg该产品，配制成保鲜剂溶液，预计可处理果蔬500kg左右）；④最佳用量应根据瓜果、蔬菜的原料种类、生产季节和保存试验确定。

(3) 注意事项

①用量一定要经过精确计量，以保证其高效性；②必须同其他配料混合均匀后，再配制成溶液，稀释后使用。

参考文献

[1] 陈晓春,唐姨军,胡婷.中国低碳农村建设探析.云南社会科学,2010（2）:107-112

[2] 史剑茹,陈笑.低碳经济下我国有机农业发展现状与对策.农产品质量与安全,2010（4）:48-51

[3] 张德纯.低碳农业中的蔬菜产业.中国蔬菜,2010（9）:1-3

[4] 张志斌.发展设施蔬菜低碳生产技术的探讨.中国蔬菜,2010（9）:4-6.

[5] 邹志荣.北方日光温室建造与配套设施.北京:金盾出版社,2009

[6] 王宏丽,李凯,代亚丽等.节能日光温室的发展现状与存在问题.西北农业大学学报,2000,8（4）:108-112

[7] 陈端生.中国节能型日光温室建筑与环境研究进展.农业工程学报,1994,10（1）:123-129

[8] 王永宏,张得俭,刘满元.日光节能温室结构参数的选择与设计.机械研究与应用,2003,16（S1）:101-103

[9] 陈秋全,杨光勇,刘及东.北方高寒地区高效节能型日光温室优化设计.内蒙古民族大学学报,2003,18（3）:257-259

[10] 丁秀华,王凤珍,陈维志等.辽宁省节能型日光温室采光面倾斜角度优化选择.辽宁农业科学,1998,（2）:28-32

[11] 周长吉."西北型"日光温室优化结构的研究.农村实用工程技术:温室园艺,2004,（2）:23-25

[12] 胡波,张生田.西宁地区日光温室结构优化设计.农村实用工程技术,2001,（9）:122-122

[13] 佟国红,李永奎,孟少春.利用动态规划设计温室前屋面最佳形状的研究.沈阳农业大学学报,1998,29（4）:340-342

[14] 李有,张述景,王谦.日光温室采光面三效率计算模式及其优化选择研究.生物数学学报,2001,16（2）:198-203

[15] 周长吉.有立柱钢管骨架日光温室的结构优化.农业工程学报,1994,10（1）:157-160

[16] 刘俊杰,邹志荣.无柱式日光温室的骨架结构优化研究.宁夏工学院学报,1996,（S1）:254-257

[17] 潘锦泉.日光温室优化设计及综合配套技术（一）.农村实用工程技术,1999,（1）:7

参考文献

[18] 周长吉. 日光温室结构优化设计及综合配套技术(四). 农村实用工程技术, 1999, (4): 7

[19] 李小芳. 日光温室的热环境数学模拟及其结构优化: [学位论文]. 北京: 中国农业大学, 2005: 84-89

[20] 高志奎, 魏兰阁, 王梅等. 日光温室采光性能的实用型优化研究. 河北农业大学学报, 2006, 29 (1): 1-5

[21] 侯丽薇, 吴巍. 日光温室结构性能的计算机辅助设计. 光学精密工程, 1999, 7 (6): 81-84

[22] 卢旭珍, 邱凌. 单面坡日光温室钢骨架有限元优化. 农业机械学报, 2005, 36 (3): 150-151

[23] 曹永华, 孙忠富, 李佑祥. 温室采光辅助设计软件(GRLT)的研制. 农业工程学报, 1992, 8 (3): 69-77

[24] 邢禹贤, 王秀峰, 柳涛等. 单坡面塑料日光温室优化结构模拟设计. 山东农业大学学报, 1997, 28 (2): 97-101

[25] 董吉林, 李亚灵, 温祥珍. 温室光环境模拟模型及结构参数设计系统. 山西农业大学学报, 2003, 23 (3): 252-255

[26] 滕光辉. 虚拟现实技术在温室中的应用. 农业工程学报, 2003, 19 (4): 254-258

[27] 李天来. 我国日光温室产业发展现状与前景. 沈阳农业大学学报, 2005, 36 (2): 131-138

[28] 谢涛, 刘静, 刘军考. 结构拓扑优化综述. 机械工程师, 2006, (8): 22-25

[29] 姜冬菊, 张子明. 桁架结构拓扑和布局优化发展综述. 水利水电科技进展, 2006, (4): 81-86

[30] 白义奎, 明月. 影响日光温室钢骨架结构安全及耐久性能因素分析. 房材与应用, 2005, (5): 14-15

[31] 梁宗敏. 连栋温室结构抗风可靠度设计理论研究: [学位论文]. 北京: 中国农业大学, 2004: 81-82

[32] 池荣虎. 基于Rough集的日光温室结构优化设计方法的研究: [学位论文]. 陕西杨凌: 西北农林科技大学, 2003: 46-47

[33] 焦丽. 温室采光面模糊优化设计的研究. 辽宁工程技术大学, 2003: 4-5. 硕士学位论文

[34] 刘志杰, 郑文刚, 胡清华等. 中国日光温室结构优化研究现状及发展趋势. 中国农学通报, 2007, 23 (2): 449-453

[35] 李国云, 刘颖, 邬志敏. 小型实验气调库设计. 流体机械, 2008, 36 (7): 72-75

[36] 赵家禄，黄清华，李彩琴. 小型果蔬气调库. 科学出版社，2000

[37] 刘颖，邬志敏，李云飞. 果蔬气调贮藏国内外研究进展. 食品与发酵工业，2006，(4)：94-97

[38] 郭晓光，管大勇. 气调库及气调库设备. 制冷，2003，(4)：78-82

[39] 薛殿华. 空气调节. 北京：清华大学出版社，2005

[40] 郑贤德. 制冷原理与装置. 北京：机械工业出版社，2003

[41] 徐庆磊. 我国气调库建设的现状及建设气调库时应注意的几个问题. 制冷与空调，2001（04）：2

[42] 关文强，胡云峰，李喜宏. 果蔬气调贮藏研究与应用进展. 保鲜与加工，2003（06）：3-5